叢書 THINK OUR EARTH
15 地球発見

# タウンシップ

## 土地計画の伝播と変容

金田章裕

ナカニシヤ出版

# はじめに

本書が取り扱うのは、土地の領域とその内部のさまざまな土地区画である。その概念や設定の理念を含め、全体として土地計画と表現することができよう。土地計画が具体化した状況を、平面形態という意味で土地プランと称することにしたい。本書は、いろいろな大きさや形のさまざまな土地区画からなる、土地計画から見た歴史を描く試みと言い換えることができるかもしれない。

本書で中心テーマとしてとりあげるのは、タウンシップと呼ばれる土地単位の概念やその領域、またその内部の土地区画である。タウンシップの用語や概念の起源はイングランドであるが、その概念は北アメリカの多くの英国領植民地で広く採用された。アメリカ合衆国成立後も、タウンシップは改めて組織化、制度化されて全米で展開したのみならず、太平洋の西側にあるオーストラリアや日本の北海道にまで影響を及ぼした。本書では、このような世界的な展開をしたタウンシップと呼ばれる土地の領域ないし、それと一体として存在したり、構想されたりした社会単位の概念に注目する。さらには土地区画そのもの、あるいはそれを含む土地計画とでも称すべき土地区画の全体状況を取り上げる。

土地の領域ないし区画には、国、州、郡などの政治的なまとまりに由来する大きな単位から、町、村のようなコミュニティに由来する中規模の単位もある。さらにこのような大・中規模の単位から、所有や土地利用の単位となる、最小単位の地筆まであって、大きなものから小さなものまでさまざまな規模がある。これらの土地の領域や区画は、人間社会が作り上げてきた国や社会などと不可分にかかわってきた。土地の利用という点でも、農耕や牧畜、また農地開拓の単位として、これらは農業そのものととりわけ不可分に結びついている。したがって土地の領域や区画の展開からみると、この視角は土地のさまざまな区画から見た開拓史という側面が強くなるとともに、農業を基本産業とした時代における、歴史地理の基調を探ることともなる。

この視角からみれば、所有や利用の単位である個々の土地区画はもとより、農耕や牧畜を営む集団ないしコミュニティの日常の生活の舞台、つまり先に述べた中規模に相当する村落の領域についても検討すべきことになる。本書で取り上げるタウンシップは、もともと中世のイングランドに起源があり、のちに詳しく述べるようにそこでは村落の領域を示す用語であった。

村落の領域を画する境界もまた、広い意味では土地区画ではある。ところが村落は、個々の屋敷地ならびに各種の屋敷群としての集落、生産活動のための耕地、放牧地、林地など、様々な土地利用にともなう、いろいろな形の土地区画群からなる。つまり、村落の領域としての土地区画は、内部にこれらの地片を画する土地区画群を含むことになる。このような上位の土地区画とその内部の下位の土地区画群をともにとらえるとすれば、すでに使用したように全体を土地計画とでも表現するのが妥当であろう。また、土地の区画の平面形態という意味で、土地プランと称するのが妥当であろうこともすでに述べた。

本書では、まず農業と土地区画との関連についての基本的考えを振り返りたい。その上で、タウンシップの起源とその実態をさぐり、さらにその変容と世界的な伝播の過程をたどっていくことにしたい。

なお、本書で使用する人名および用語と地図はできるだけ日本語に改めて要点を示したが、旧著の地図を転用したものには英語表記のままのものがある。両者の地図が混在していることを御許しいただきたい。

目次

# タウンシップ——土地計画の伝播と変容

叢書・地球発見15

［企画委員］

千田　稔
山野正彦
金田章裕

# 序　土地区画の歴史への視角

## ●土地区画の成立とその意義

人間社会が経験した大きな変革の一つが農耕の開始にあるとの考えがある。アルビン・トフラー『第三の波』のように、それを「農業革命」と呼んでいる場合がある。狩猟採集経済と比べると、この農業革命によって人間社会に対する食糧供給能力が格段に高まり、それが人口増大に結びついたとするのである。確かにその意味で農耕の開始は、もともとの農業革命の語が意味した、近代初頭の生産力の急拡大とも、さらに産業と経済全般の革新である産業革命とも対比できる大きな変革であった。

そもそも「農業革命」という表現は、トフラーのいう対象とは別の画期に対して一般に使用されてきた。近代初期の製造業を中心とした産業革命の前段階における、農業生産の飛躍的向上と社会的変革に対してである。これが現代社会への動向を大きく規定したのは間違いない。

一方で、自然環境の利用あるいは環境への適応といった観点からみると、これらの「農業革命」にはいずれも自然環境を改変ないし破壊したというネガティヴな評価が生じる、という論点がある。にもかかわらず、この二つの「農業革命」はいずれも、生産性とか生産力あるいは人口支持力の点からみて大きな画期であったことは間違いない。

ここで注目したいのは、「農業革命」そのものではない。いずれの用例にしても農業だからこそ有した、土地を耕作し、作物を栽培するという、生産活動としてのもっとも基本的な性格である。農業は土地なくしてなし得ないことから、必然的に土地所有あるいは土地使用の権利を基盤とする。したがってそのために土地を区画することが必要となった。つまり、農業と土地区画は必然的に不可分の現象といってもよいかも知れない。農業の開始は、土地区画の発生に直結することとなったとみられるのである。

この観点はたとえば、日本における稲作農耕の開始を弥生文化の特徴とし、さらに弥生時代の開始に結びつける一般的考え方とも矛盾しない。弥生文化の開始時期の問題とか、縄文農耕の存在といった問題が議論されてはいるが、これらの点についてここではそれに深入りするつもりはない。ただ日本では、弥生時代に小区画水田と称される、小規模な水田区画が各地で数多く検出されていることには注目したい。その趨勢は古墳時代にさらに一般化した。やがて律令時代には、「条里」と呼ばれる国家的な土地管理システムと規則的な方格（碁盤目）状の土地区画が出現したのである。

つまり土地区画は、土地利用と土地所有に直結するのである。

## ●人にはどんな土地が必要か

土地区画といえば思い出すのが、小学生の時に読んだ民話である。一人の貧しい農民が努力をして次第に農地を増やしたが、やがてその土地を手離し、一日で歩けるだけの広い土地を得ようとした。日の出と共に出発し、印をつけて夕方までに出発点に戻れば、歩いて回った土地を手に入れることができるという話である。その農民は無理をして歩き続け、戻る寸前に死んでしまうという結末であった。子供の時の印象は、そんな広大な平原があり得るのかということと、そんなに広い土地を手に入れたいという人がいるということに対する、漠然とした疑問を伴う、強い印象であった。トルストイの民話『人にはどれほどの土地がいるか』のやさしい子供向け版だったのだろうと思う。

先に述べたように、農業と土地区画は盾の両面であると言ってよい。やがて土地そのものが基本的な経済基盤となる資産ないし資本として、資本主義の重要な要素となった。土地を求めての人々の移動は、とりわけ近代に大きな流れとなった。ヨーロッパから南北アメリカ、オーストラリア等へと多くの人が移住したのはその典型であろうし、北米の西部開拓をめぐる東部から西部への人の動きも有名である。後者はフロンティア論としても広範な議論を呼んだ。日本でも明治時代に屯田兵や殖民（本書では北海道について、慣用に従い「殖」の文字を使用する）として、本州各地から北海道へと向かう大きな人口の流れがあった。

このような人口移動の中で、北米ではタウンシップと呼ばれる方形の土地区画が広範に設定され、北海道では屯田兵村という土地計画が実施されるとともに、やがて殖民地区画と称する大・中・小の規則的土地区画が展開することとなった。

このような世界的な開拓史の一端を、土地区画を軸として眺めてみたい、というのが本書の具体的な目的である。土地を求めるというのは、土地を区画し、区画された土地を求めることに他ならないからである。何を栽培するのか、どういう牧畜をするのかといった、農業あるいは牧畜の種類によって土地区画は当然異なることが多い。しかし、農業や牧畜の種類を別としても、土地区画そのものから見えてくる状況がある。それを探る試みが、以下の記述である。

## ●タウンシップ

土地区画の中でも特に広範な世界的展開を示したのが、すでに述べた「タウンシップ」と呼ばれるものである。

日本でよく知られているタウンシップとは、北海道開拓の際の土地区画のモデルとされたというものである。タウンシップそのものは、アメリカ合衆国の中西部以西で広く展開している方格状の土地測量と土地区画のシステムが最も典型的である。一方、南アフリカの先住黒人達の生活している街区が同じように呼ばれていることも、さまざまな人種差別報道とともに近年ではよく知られている。両者ともに、タウンシップの語の伝播と変容の結果である。

タウンシップ township は英国イングランド起源の言葉である。領域の単位であるトゥーンの住民を意味するトゥーンスィップ tunscipe が語源だと『オックスフォード英語辞典』は説明している。タウンシップの原型は一〇世紀ごろには成立し、その後機能と領域などの変化を経つつ、領域単位として存続した。詳細は後に改めてふれるが、イングランドで変容を遂げつつ存在した単位が、やがて移民と共に北米大陸へと伝播し、そこでもまた変容を繰り返しつつ展開した。

しかも、いったん北米へ渡った人々を通じて、あるいはイングランドから直接渡った移民や植民地の行政官を通じて、南半球にあるオーストラリアの英領植民地へも伝播して、それぞれの植民地により特自の展開をした。それとは別に、南アフリカでは黒人居住地の街区を特定して示すことが知られているが、オーストラリアでは、この使用例と類似した用例が出現した場合がある。さらに驚くべきことに、北米のタウンシップの理念が、一九世紀末に進められた北海道への移住とその開拓に際して、やはり太平洋を越えて参照されたといわれる。

タウンシップとそれに伴う土地区画の実態と、その変遷に注目することによって、移民と農地の拡大の過程を追ってみたい。「農業革命」ないし農業の展開が土地区画を発生させたとすれば、土地区画そのものの追跡から見えてくる、各地の地域や景観の枠組みが浮かんでくるに違いない。

## ●土地区画の歴史

先にふれたトルストイの民話は、無地のキャンバスに描かれたような、ひと囲いの農地の存在を想像させる。現実の歴史でも人々はヨーロッパから北米へと大西洋を渡り、またはるかな南半球へと苦難の航海をした。人々がそこに求め、あるいは構想した土地は、入植の為の何らかの区画をほどこされ、開拓されてきたのである。当然のことながら、それぞれの土地には先住民が生活していた。また人々が求め、構想した土地も、それぞれの文化的経済的背景あるいは思想などによって、さまざまな形態となったり、また変遷を余儀なくされた場合がある。

本書が目指すのは、そのような土地のあり方および土地区画の代表例としてのタウンシップの概念あるいは土地区画の、空間的伝播と時間的変容の過程を明らかにすることである。それが、開拓と生活の歴史を解き明かすことにつながることになろう。

本書ではすでに土地区画という用語を使用してきたが、この語を改めて次のように定義して以下の記述を進めたい。つまり、「土地区画とは土地所有または土地利用の結果生じた境界を伴った土地の範囲、あるいは土地所有または土地利用のために設定された範囲」とする。さらに、「理念や構想を含めた土地区画群全体」を土地計画と総称する。一方、「短期的、意図的ないし政策的であれ、歴史的ないし結果的であれ、その実態の展開の様相全体を土地プランと表現する」ことにしたい。この土地プランはしたがって、地表ないし地図上に、つまり平面的に、かつ可視的に存在するものであり、結果的に大小の土地区画の群として出現することになる。

土地区画が、政治的単位を反映した国・郡などの大規模なものを除いて、土地所有または土地利用の結果生じたものであるとしても、その規模はさまざまである。土地区画の規模には畑の作物ごとのまとまりや水田の一枚一枚のような、いわば最小の土地利用単位の規模から、個人の一筆一筆の土地所有単位あるいは入植単位のような小規模、そして本書が主たる対象とするタウンシップのような、村落共同体あるいは集団の入植単位となる中間規模のものまで含まれる。政策的ないし計画的という意味で、この全体が土地計画としてありうるし、その結果が地表に刻まれ、平面的に存在する点で土地プランに直結する。土地計画及び土地プランは様々な規模の土地区画を単位としてありうるが、両者が一連ないし一体の場合もあればそうでない場合もある。この点にも本書は注意を巡らせたい。

本書が目指すのは、タウンシップを中心とした土地区画と土地計画、その結果として生じた土地プランからみた近代の世界史の一端である。

# I 英国領北米植民地の土地区画

マサチューセッツ州議会議事堂（ボストン）

# 1　ニューイングランドへの入植

## ●ピルグリムファーザーズ

一六二〇年、メイフラワー号に乗った清教徒（ピューリタン）の一行が、北米大陸のニューイングランドと呼ばれることになる地域、現在のボストン東南方にあたるプリマスの地に入植した。これが本格的な英領植民地建設のスタートとなったことはよく知られた歴史である。

ニューイングランドは、現在のアメリカ合衆国の北東部、ニューヨーク州と大西洋ならびにカナダ連邦との間の地域である。現在の州でいうと、ボストンを州都とするマサチューセッツ州をはじめ、コネティカット、ニューハンプシャー、バーモント、メーン、ロードアイランドの計六州からなる範囲である。

英国ないしイギリス（正確にはイングランドと異なる。英国ないしイギリスという日本語の表現は、ウェールズ、スコットランド、北アイルランドなどを含む表現である。ここでは、特に区別する必要のあるとき以外は英国ないしイギリスと略記する）では、一六〇六年、イングランド国王ジェームズI世（在位一六〇三―一六二五）の時、北アメリカ植民を目ざすロンドンとプリマスに設置されたバージニア会社に植民地設立の特許状を発行した。バージニアは先の国王エリザベスI世（在位一五五六―一六〇三）の別称「処女王」に由来する名称であった。

この特許状にもとづいて実際に入植したのが、冒頭に述べた有名なピルグリムファーザーズと呼ばれる一行であった。彼らは経済的にはイングランドではむしろ有力であり、困窮が移住の主たる理由ではなかった。エリザベスⅠ世の時代におけるイングランド国教会の確立の後、その改革を目指したものの主導権を確立できずに反主流派となったピューリタンの一派であり、ピューリタンとしての信仰の自由を求めた人々であった。新しい勅許状を得た一行は、ニューイングランドのプリマス・カウンシルと称する植民地組織をつくった。ニューイングランドという呼称は、一六一四年の著作にすでに使用されているとされるが、この組織の呼称が正式に使用された最初であるという。

その後、この地に相次いで英領植民地が設立された。それらの植民地群には、一六七五年ころにはプリマス植民地とマサチューセッツ湾植民地に加えコネティカット植民地があった。この植民地群はやがて「ニューイングランド植民地連合」を結成し、さらに一六八六年、英国王ジェームズⅡ世（在位一六八五―一六八八）の時、ここに「ニューイングランド自治領」が設立された。ニューイングランドはこの植民地群一帯の正式名称であり、ほどなく広範に認知される呼称となった。

## ●ニューネザーランドとニューフランス

ニューイングランドがこのような経過をたどった背景には、当時のヨーロッパ列強諸国が植民地獲得と植民地経営を競っていたという国際情勢があった。

毛皮取引で始まったオランダの北米進出はピルグリムファーザーズの渡航より時期が早く、一六一四年にはニューネザーランド（オランダ語ではニーウネーデルラント）会社が特権を得て進めたとされる。五〇年代には入植地が急速に拡大し、現在のニューヨーク州を中心とした中部大西洋岸に広がった。ニューネザーランドはネーデルラント連邦共和国（当時、現在のオランダ王国）の植民地となり、首都はマンハッタン島のニューアムステルダムであった。一七世紀後半の三度の英蘭戦争を経て、最終的には一六七四年の条約によって英国に権益が移り、ニューネザーランドとしての歴史は終わった。よく知られているようにこの間、一六六四年にイギリス人がニューアムステルダムを占領し、ニューヨークとしての歴史が始まった。

一方フランスは、大西洋北西部に漁業進出を進めていた。ニューイングランド北方のセントローレンス川流域には、一五三四年以来、フランス人による探検と入植が行われた。一六〇八年にはケベックが建設され、その経営の中心人物でもあったサミュエル・ド・シャンプランは、一六二七年に設立されたニューフランス（フランス語ではヌーベルフランス）総督と呼ばれた。

つまり一七世紀の二〇年代からしばらくの間、ニューイングランドは、北のニューフランスと南のニューネザーランドと共に植民地建設競争の形で図Ｉ－1のように鼎立していたのである。三つともその中で成立した呼称であり、領域であったことになる。

**●マサチューセッツ湾植民地**

マサチューセッツ湾入植ニューイングランド会社は一六二八年、ピルグリムファーザーズをスター

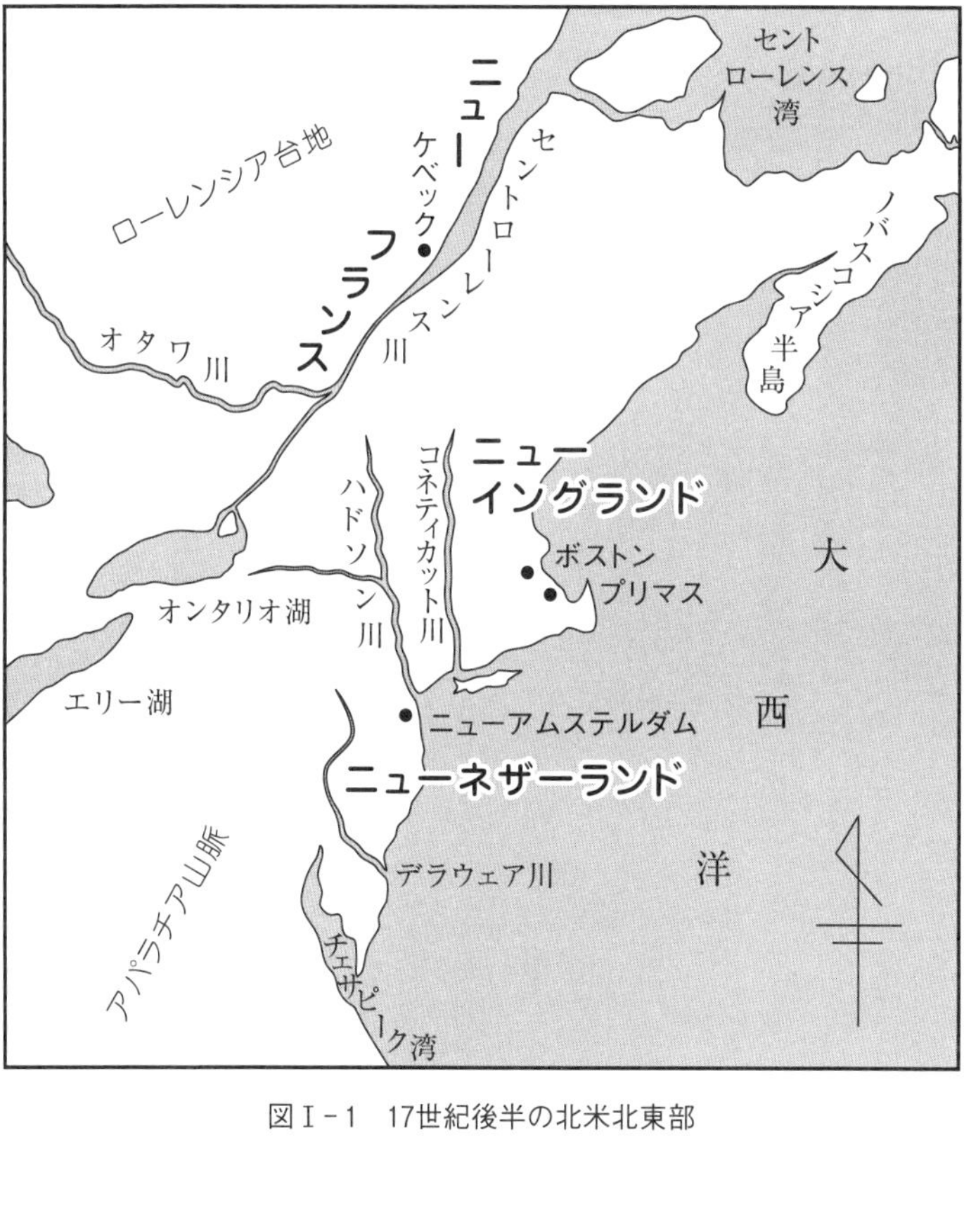


図Ｉ－1　17世紀後半の北米北東部

トとするプリマス植民地とは別に、イングランド国王チャールズI世（ジェームズI世の後継、在位一六二五―一六四九）の勅許を得た。この少し前にドルチェスター会社による、マサチューセッツ湾北側のアン岬への漁業入植は失敗していたが、このマサチューセッツ湾植民地への入植は最も活発であり、成功をおさめた。一六三〇年代には、ピューリタンを中心に約二万人が現地に入植した。

ニューイングランドには、前述のようにピルグリムファーザーズ由来のプリマス植民地が先行して存在した。そのほか、一六三六年にはコネティカット植民地が設立され、翌年にはニューヘイブン植民地が設立された。いずれもピューリタンを中心とするが、コネティカット植民地は貴族層を中心に設立され、ニューヘイブン植民地は宗教上のより厳格な規律を求めて設立されたものである。一六六二年には、ニューヘイブン植民地はコネティカット植民地に統合された。

この間一六四三年にマサチューセッツ湾植民地は、プリマス、コネティカット、ニューヘイブンの三植民地と共にニューイングランド連盟を形成した。一六七九年にはニューハンプシャー植民地を分離し、一六九一年には新しい勅許によってプリマス植民地を併合した（図I－2参照）。

マサチューセッツ湾植民地への入植者にピューリタンが多かったのは、当時の英本国における政治的・社会的混乱の反映であったことはピルグリムファーザーズの場合と基本的に同様である。未婚で後継のいなかったイングランド国王エリザベスI世の後、甥であったスコットランド国王が一六〇三年以来、イングランド国王を兼ねるようになった。スチュアート朝と呼ばれる王統である。国教会確立後、有名な一六四〇年代のピューリタン革命などがあって主客ないし政権と反対派が相互に入れ替わ

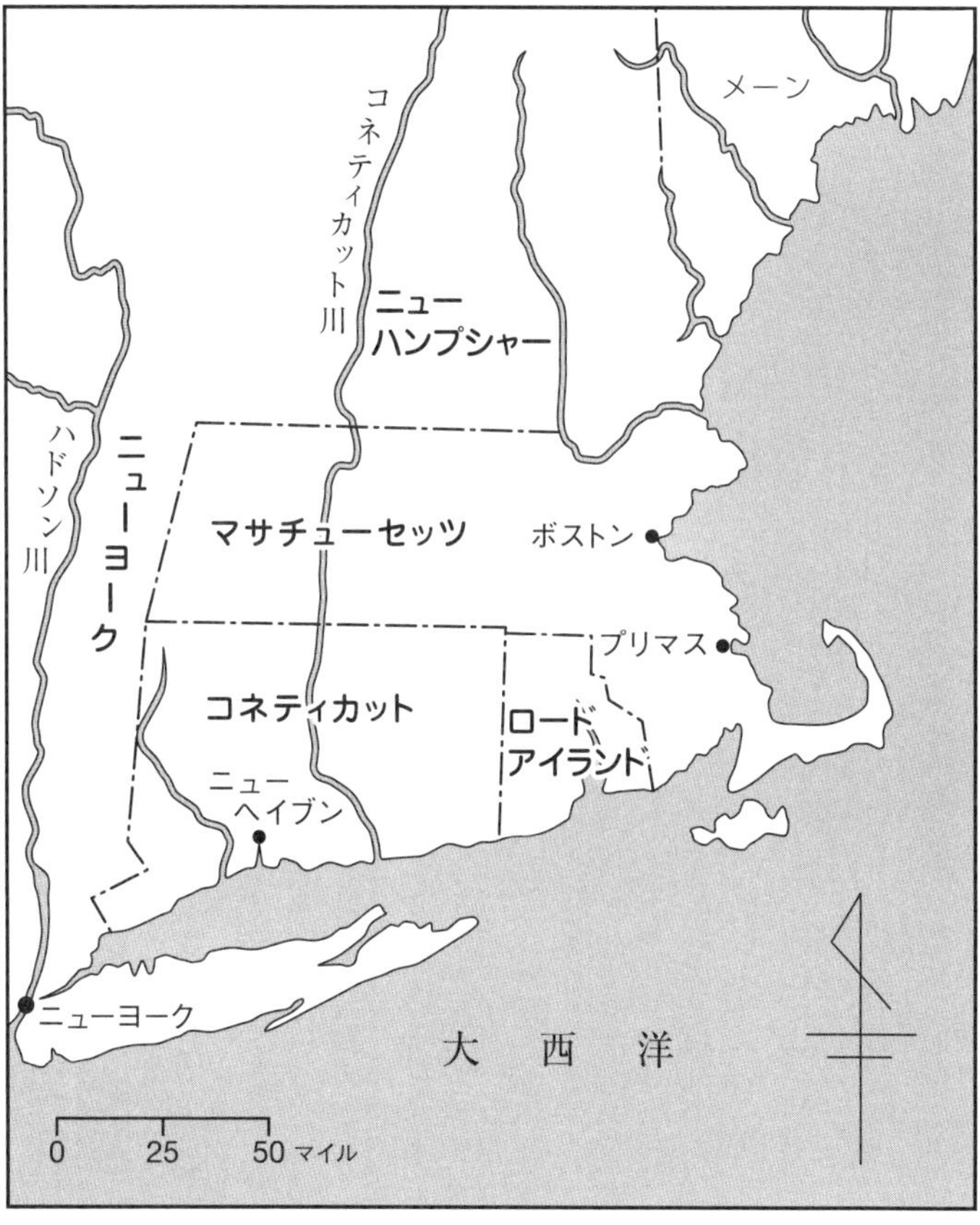


図Ⅰ-2　1675年ころのニューイングランド

るといった状況であった。このような宗教、政治絡みの各種の内戦や革命の混乱によって、多くのピューリタンがニューイングランドへと移住したのである。彼らには富有者や貴族も多く、植民地経済も彼らの力に負うところが多かった。彼らの需要によるイングランドからの物資輸入と、造船業、漁業と毛皮・木材取引などが急速に発達した。このため、早くも一六六〇年代には植民地の商船総数が二〇〇隻にも達していたという。

## ●タウンとタウンシップ

メイフラワー号に乗って北アメリカにやって来た人々の多くは、プリマス植民地でメイフラワー誓約（契約ともいう）に署名した。神の名の下に、イングランド王ジェームズI世に忠節を尽し、政治的な市民団体を構成して植民地の目的に資する、というがその概要であった。

マサチューセッツ湾植民地でも、総督・総督代理と一八名の理事が選ばれ、年四回の大法廷および一般法廷が開かれ、法廷と直接民主制に相当する全自由民の会議が最高議決機関であった。

移民は、そこで設立が承認されたタウンと称する地域単位に入植して居住し、一方でタウンから選出される代表が議員として植民地行政にかかわった。タウンはこの代表選出の単位のほか、司法、市民軍、地方行政の単位でもあった。初期にタウンが担った地方行政は、貧民救済、街道整備、治安維持、初等教育、土地登記、課税と収税、条例制定などであった。

マサチューセッツ湾植民地の初期のタウンは、一六四四年までほとんどがマサチューセッツ湾沿岸とそれに近い地域に限定されていた。図I-3に示すように、一六九〇年ごろまでにその分布は次第に内陸に及んだが、内陸のコネティカット川河谷の一部を除けば、ほとんどがサフォーク、ノーフォーク、エセックス、ミドルセックスのマサチューセッツ湾岸の四つの郡内に限定されていた。

一六四〇年代前半までのマサチューセッツ湾とプリマスの両植民地における議会の記録や条例などでは、タウンはあくまで地域単位であり、また同時に政治単位でもあった。例えば、マサチューセッツのタウン法（一六三六年、研究者によってはこれをタウンシップ法と表現する人もいる）でもタウンシップという用語は全く使用されていない。後の一六九一年における英国国王の勅許状でも、

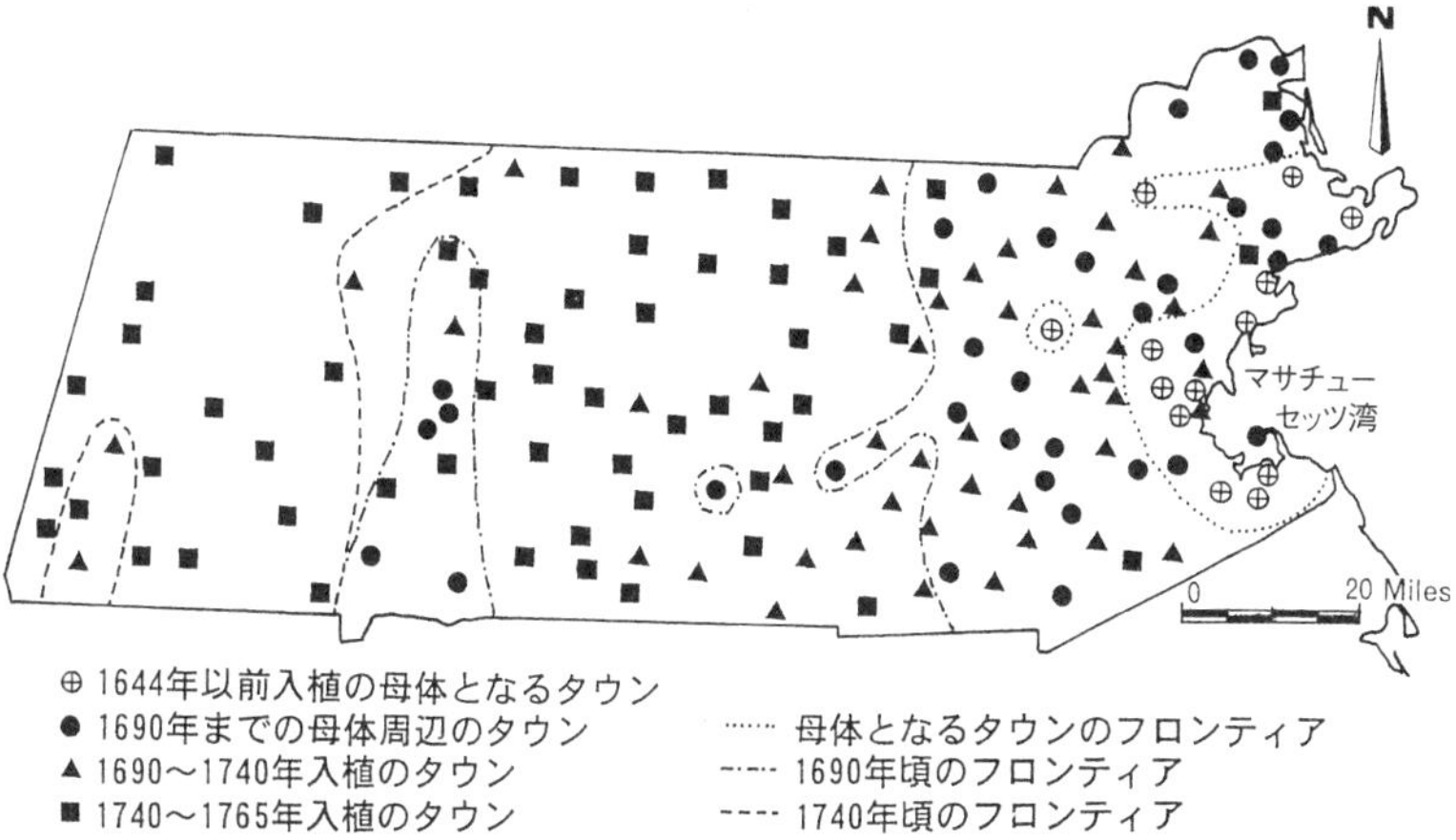


図I-3　マサチューセッツのタウンとフロンティア（J. H. Sly による）

この状況は変わりがなかった。

北米の英領植民地では、一六三〇年代、四〇年代には時折タウンシップという用語が使用されている例がごく一部にあるものの、その意味内容はタウンとほとんど同義であり、タウンという状況を示したものとみなすことができる。

ところが、一六四七年に「四マイル四方と思われる特定のタウンシップ」という表現例がマサチューセッツ議会議事録に出てくるのを初見とし、一六五〇年代の「八マイル四方の下付地」、「タウンシップの境界線」といったように、明確に「タウン」の領域としてのタウンシップという意味の使用例が議会関係文書にでてくる。つまり、タウンが社会的・政治的単位、タウンシップがその領域として認識されるようになったとみなされる用例である。

## ●タウンシップの起源

これらの英領植民地設立の少し前のイングランドでは、チューダー朝最後の国王エリザベスⅠ世の時代頃（一六世紀後半から一七世紀初め）、ヴィレッジと呼ばれる大きめの集落や、ハムレットと呼ばれ、数軒からなる小さい集落がイングランド農村の一般的状況であった。一方一六世紀末ごろ、行政的には、タウンシップ、パリッシュ、マナーという三段階が代表的な地域単位であった。

このころイングランドでは、共有地を有力者が私有地として囲い込み、そこに経営拠点として、住居も移すという動向があった。エンクロージャー（囲い込み）と呼ばれたこの動向は、何段階かあり、議会にさえ支持されて進行した。すでに一五三九年にはエンクロージャーに関わって、タウンシップを「耕作する耕地と、そこに乳牛・肉牛・羊などを飼うことのできる共同放牧地」とからなる範囲、と説明した史料がある。これが当時の基本的な形であるとすれば、タウンシップは本来、農村コミュニティの領域を強く意味する用語であった。

一方、パリッシュは本来キリスト教の教区であり、一七世紀に次第に行政単位としての機能を強めた。とくに一六六二年に施行された貧民法は、パリッシュが貧民救済の実施単位としては大き過ぎるとして、「タウンシップまたはヴィレッジ」を単位として実施するよう規定していた。パリッシュの領域の中に、複数のタウンシップが含まれているというのが、当時の一般的状況であったから、パリッシュより小さな領域を貧民法実施の単位として設定したことになる。

ところがイングランド中部東側のヨークシャーの場合、例えば一六世紀末のハリファックス・パリッシュはハリファックスの町自体のほかに三つのタウンシップを擁していた。それらのタウンシップはハリファックスのタウンに次いで商業・手工業のさかんな土地でもあった。これらのタウンシップは、時にタウンとも称されていることがあり、タウンとタウンシップは一六世紀末のイングランドでも混用されていた場合のあったことが知られる。

一六世紀末、一七世紀のイングランドで使用されたタウンシップの語そのものが、制度や社会の動向と共に、意味するところが多様化し、また変遷しつつあったことになろう。

なお、マナーは荘園と訳されるが、基本的に国王を含むさまざまな領主の領有単位であった。同時に、それぞれのマナー、または主たるマナーを中心とした複数のマナーからなる領域が、裁判権を含む当時の行政単位でもあった。

先に述べた、一つのタウンと三つのタウンシップを擁したハリファックス・パリッシュの場合、一六世紀末から一七世紀初めごろ、基本的にウェイクフィールド・マナーの範囲内であり、その大法廷の下にあった。ただし、このウェイクフィールド・マナーの範囲には他の小規模なマナーの一部分の土地も含まれていた。

## ●方形のタウンシップ

ニューイングランドに戻りたい。一六四〇・五〇年代のマサチューセッツ湾植民地のタウンないしタウンシップには、議事録をはじめとする議会関係文書に「四マイル四方、八マイル四方」、といった表現が出てくることはすでに紹介した。しかし、図I-4に示したように、現在に継承されたタウンの領域を見ると、とりわけ湾岸四郡内における一七世紀前半成立のものはいずれも不規則な形状である。

議会関係文書において、具体的に形状について言及している最初のものは、一六八五年の認可状であった。ナラガンセット族インディアンとの戦いに参加し、後に退役した軍人への、ナラガンセット・タウンシップと呼ばれた土地の給付を規定したものであった。それには、「八マイル四方の土地」と明示されていたが、実際のその給付の請願が行われた翌年の認可状には、「六マイル四方」と訂正したうえで改めて認可されていた。その際「各タウンシップには、少なくとも六〇家族が入植するため」と規定され、また「土地状況が許す限り規則的な形状に配置する」ともされていた。六マイル四方は二三、〇四〇エーカー（約九、二一六ヘクタール）であるから、仮に単純に割り算をしてみると、一家族あた

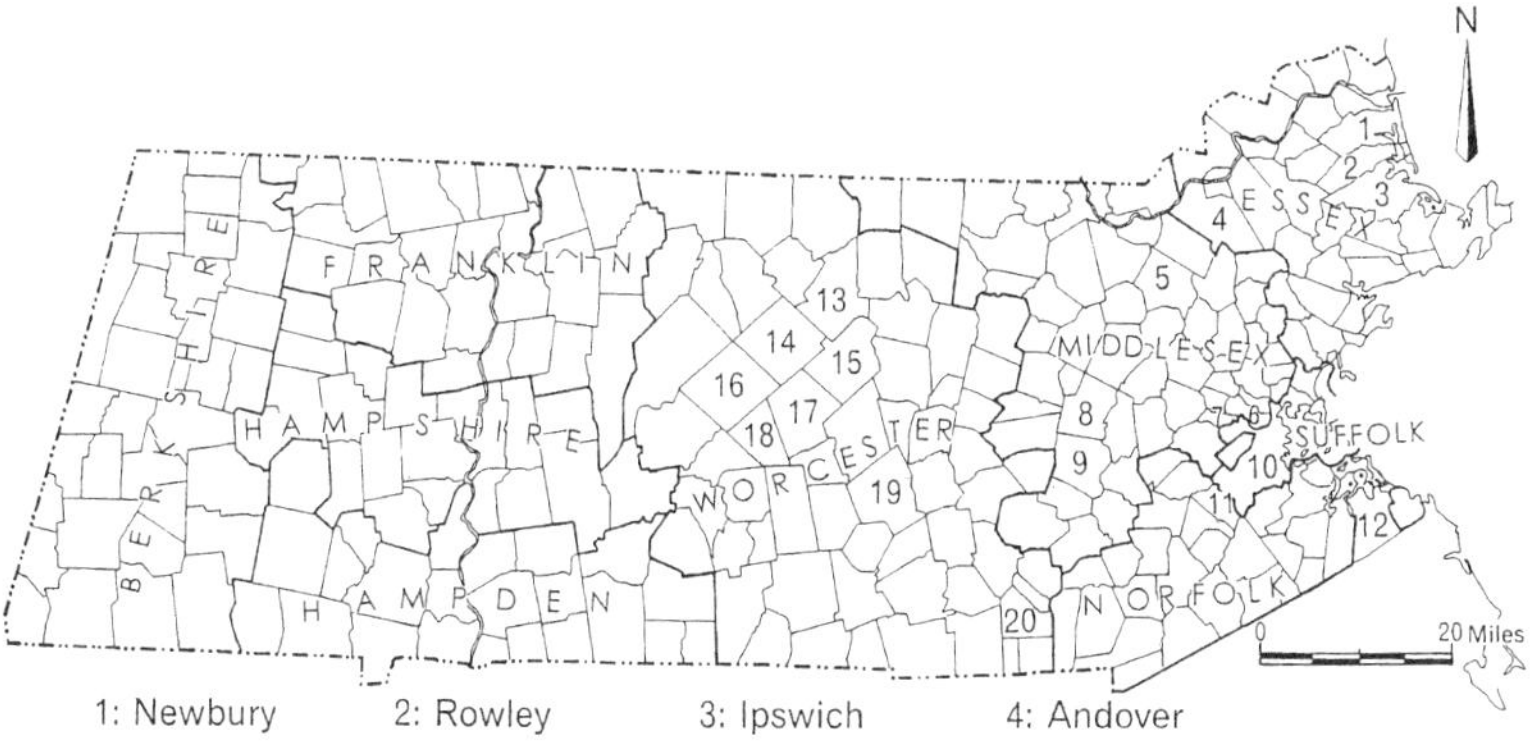


1: Newbury　2: Rowley　3: Ipswich　4: Andover
5: Billerica　6: Cambridge City　7: Watertown　8: Sudbury
9: Framingham　10: Boston City　11: Dedham　12: Hingham
13: Westminster　14: Hubbardston　15: Princeton　16: Barre
17: Rutland　18: Oakham　19: Worcester City　20: Mendon

図Ⅰ-4　マサチューセッツの郡とタウン

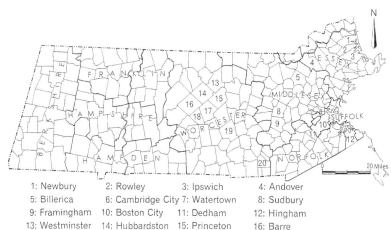

り、平均約二二六エーカー（約八六ヘクタール）の土地が入植地として見積もられていたことになる。

　この規定によって最初に設定されたのは、図Ⅰ－4の13の位置にある、ウースター郡ウエストミンスター・タウンシップであったが、規定通りの区画ではなかった。ところが、同図のこのタウンシップに接した14と、その西南に接した16は現在ではいずれも基本的に方形である。この付近はも

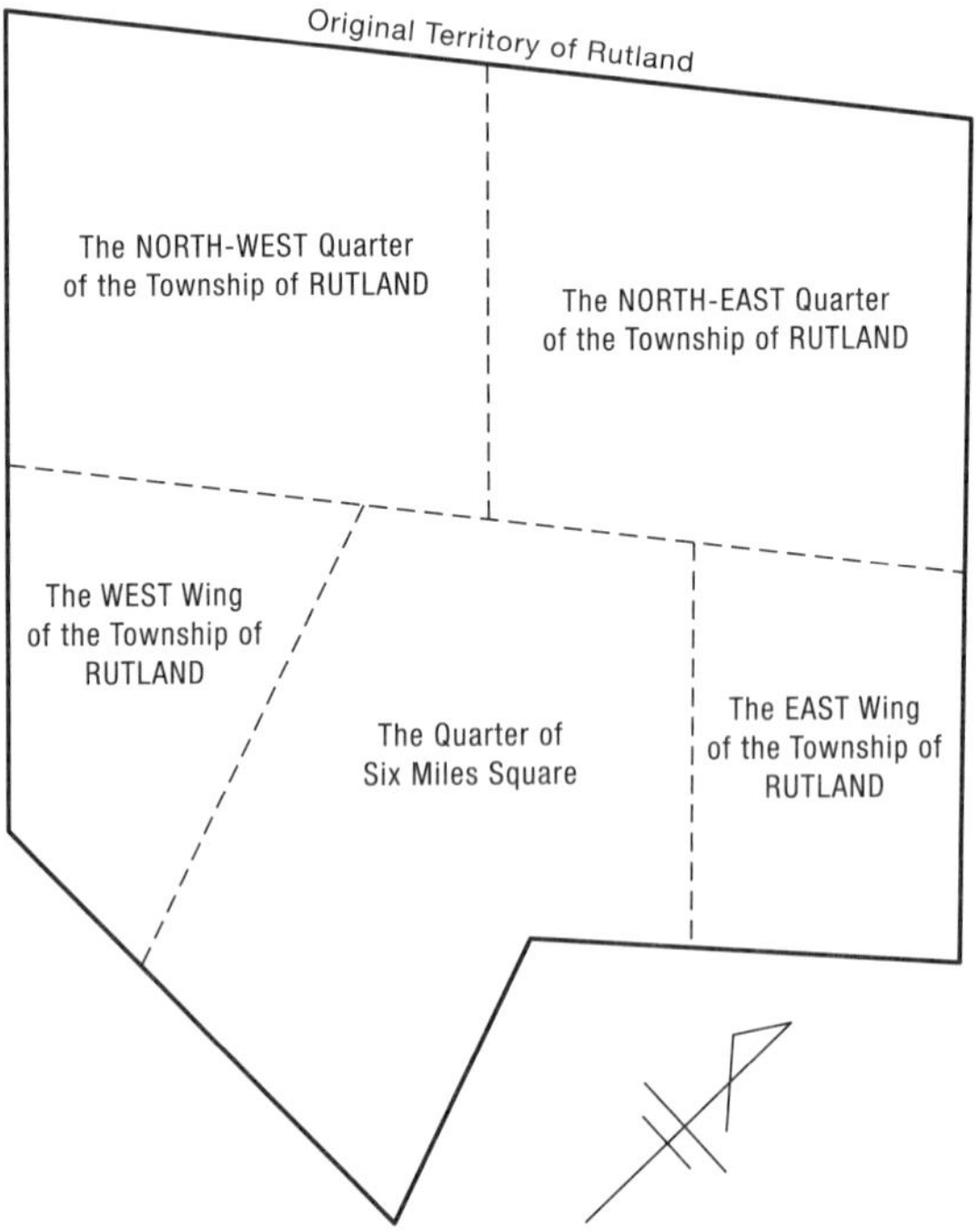


図Ⅰ－5　分割されたルートランドタウンシップ（1749年）
（注）図Ⅰ－4の14・15・16・17・18の原型

ともとルートランド・タウンシップと称され、一七四九年までに五つに細分された。旧ルートランド・タウンシップ北西隅の16はバールと称されることとなったタウンシップであり、やや菱形であるがほぼ六マイル四方である。

旧ルートランド・タウンシップの成立は、一六八六年に五名の入植者が土地一二マイル四方を購入し、一七一三年の立法議会の許可を得て、一七

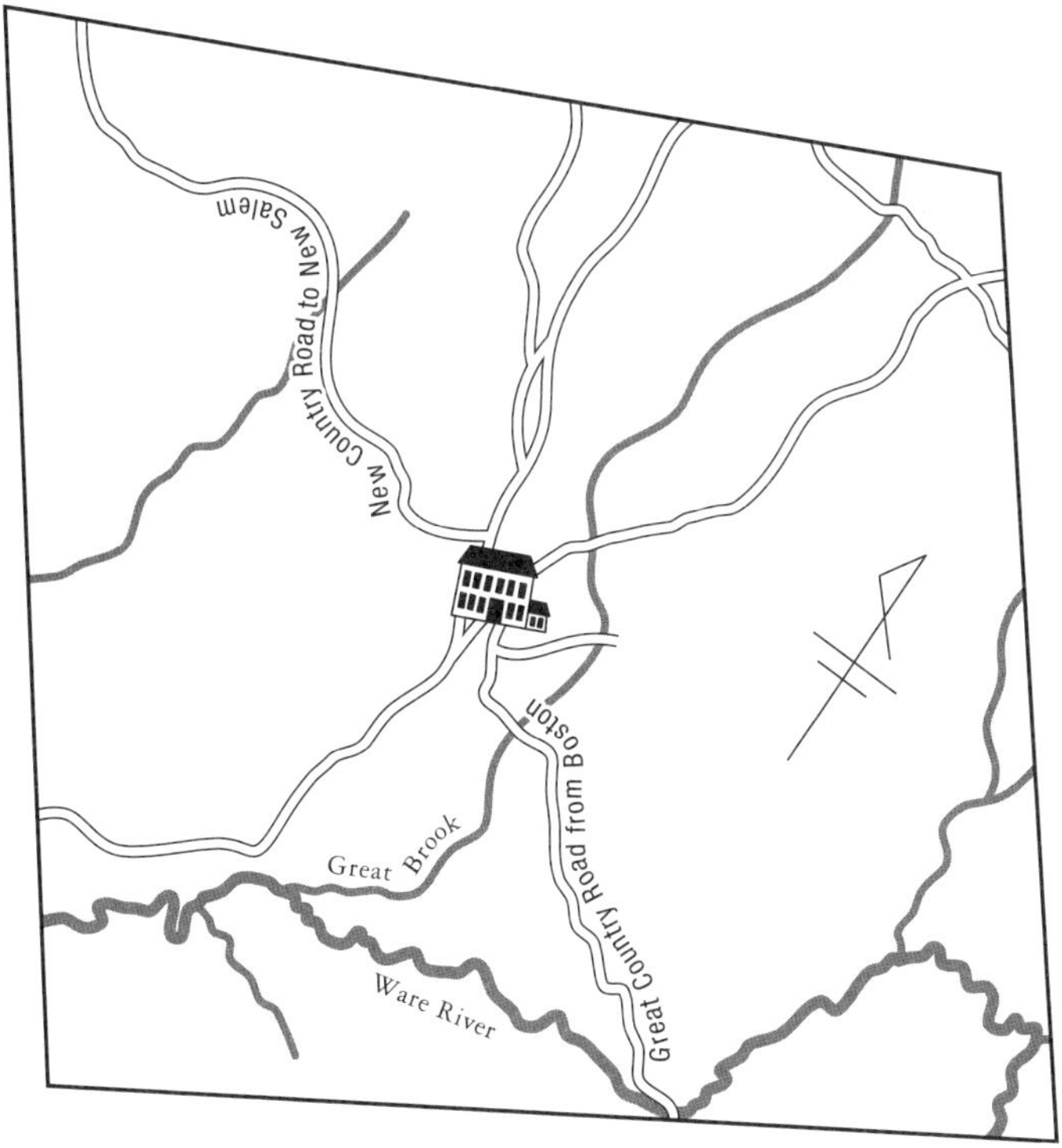


図I-6　ウースター郡バールの概要（1794年）

二一年に一二マイル四方のタウンシップの測量と範囲の確定が行われたことによる。この領域は、一七四九年に前述の五つのタウンシップに分割された。その結果が図I－5の状況であり、さらに若干の経過を経て確定したのが、図I－4の14・15・16・17・18の各タウンシップである。

前述のバールは、タウンシップ領域の外形はほぼ方形であるものの、一七九四年に至っても図I－6にみられるように、内部は不規則に地形に従った道や川からなっていた。入植者の中心集落はほぼ中央部に形成されていて、これが最小の行政単位でもあるタウンであった。

## ●タウンシップの機能

イングランドのタウンシップが、もともとは農村の耕作地と共同放牧地を含む、農村コミュニティの領域であったことは、すでに述べた。

ところが、ハリファックス・パリッシュのタウンシップのように、一方で商取引・手工業のさかんな場合もあった。一六世紀末一七世紀ごろのイングランドのタウンシップに「小さな町」の意味があることは、二〇世紀初頭のウェブの著書『英国地方政府』ですでに指摘されていた。

ニューイングランドでの、一七世紀中ごろのタウンとタウンシップの混用の背景もこのようなイングランドの状況そのものに起源があったことになろう。

改めて整理すると、本来タウンシップとは農村のコミュニティそのもの、また共同放牧地を含むその領域であり、場合によれば小さな町としての機能を有する例があった。つまり、コミュニティそのもの、その領域、小さな町といった、三種類の意味があったことになる。

これに加えて、すでに紹介したように、数次にわたって繰り返された貧民法によってタウンシップは次第に行政機能を有するようになっていった。一六六二年の貧民法によって、パリッシュが貧民救済の実施には大きすぎるとして、タウンシップまたはヴィレッジがその単位となったこともすでに述べた。

パリッシュには一般に、本来中心となる教区教会（チャーチ）のほかに、分教区の教会（チャペル）や分会堂（チャペル・オブ・イーズ）があった。例えば一六世紀末から十七世紀ごろのハリファックス・パリッシュ（はるか後の一八四一年のセンサスでは二三のタウンシップに分割されていた）には、五つの分教区（チャペルリー）があったが、さらに一二を下らない数の分会堂があったことが知られている。

なお、集落の形や規模としては、タウンシップの一部が特定の小さな町となっているものを除けば、多くはほぼハムレットの状況の小さな集落群からなっていたと理解して大過ないであろう。はるかのちの、一八四一年のセンサスではあるが、ハリファックス・パリッシュの二三のタウンシップのうち一九がいくつかのハムレットで構成されていたことから見てもこの判断に大きな問題はないであろう。

## ●コネティカット川上流域のタウンシップ

すでに図I-3で示したように、一八世紀中ごろには、マサチューセッツの内陸部に広くタウンが展開していた。人口も増加して、一七五〇年代に同殖民地の人口は二〇万人以上となった。フロンティアは内陸のコネティカット川の上流域（下流域はコネティカット植民地）に向かい、タウンの設立、タウンシップの設定が進んだ。マサチューセッツでは、すでに紹介したウースター郡のバールのように方形の領域に設定されたタウンシップも出現したが、図I-4のようにほとんどが不規則な外形であった。

ところがコネティカット川流域のタウンシップは、ほとんどが方形の領域として設定された。この地域は現在のニューハンプシャー州域であり、開拓・入植以来、マサチューセッツ湾植民地との合体と分離を繰り返した。ニューハンプシャーは、一七四一年には英国王室領の植民地として分離し、後の米国独立戦争時の一三植民地の一つとなった。

連邦議会図書館には、一七六一年に刊行された、この地域のタウンシップの概要を示した地図が残されており、その元となった手描き図もある。主要部には、タウンシップの位置と形状が点線で示され、名称が記入されている。図I-7にその一部を示したように、西南部ではほぼ正方

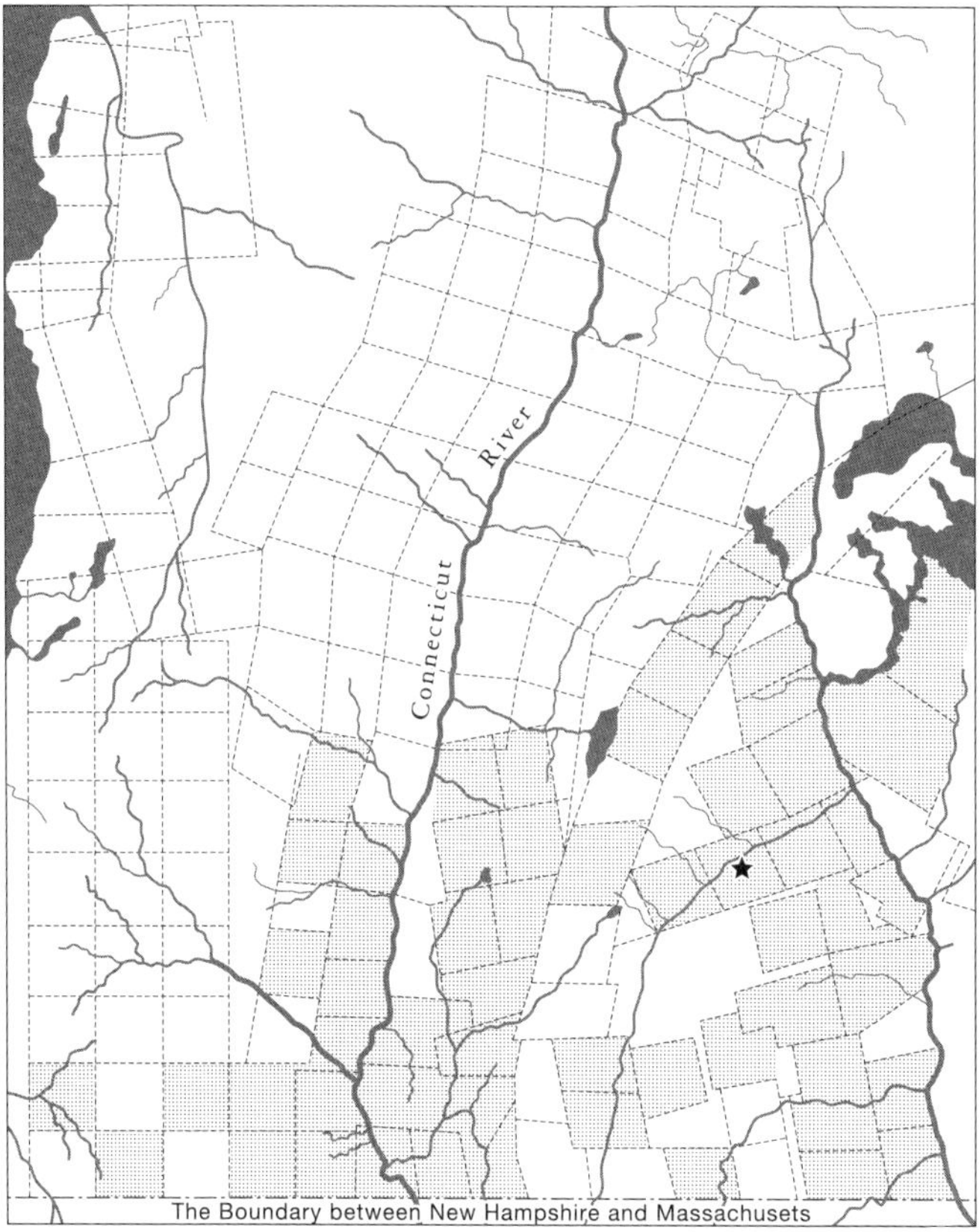


★ No.6 Tod's Town, Henniker

図Ⅰ-7　コネティカット川上流地域のタウンシップ
（1761年、輪郭のみは計画）

形、コネティカット川沿いではやや菱形の状況が示されている。同図は一七五七年の実地測量に基づいたものとの説明が付記されている。ちなみに、当時のニューハンプシャーの人口は約三万人であった。

ニューハンプシャー南東部は、認可に従ってそれぞれの場所を選んで設定されたかのように、ほぼ方形の形状のタウンシップが不規則に積み重なっている。一方、南西部と中央の川沿いには、連続的に配置されているものの、南西部では方位によって、川沿いでは河谷の形状に従って設定されたものと推測される形状である。川沿いの部分では、それが菱形となっている。

図中に記入された名称には、活字体のものと手書きのものがあり、基本的に前者が設置済み、後者が予定地と見られる。同図東南の星印の位置は、後述するヘニカー・タウンシップであり、一七五二年に下付され、翌年内部が細分割されていた。細分割の状況については改めて述べたい。いずれにしろ、このような方形の形状のタウンシップは、ニューハンプシャーの西のバーモント、東のメーンにも広く展開した。連邦議会図書館蔵のメーンの地図（一八世紀）には、正確な時期は不明であるが、五〇のタウンシップが描かれている。一八世紀には、方形の外形のタウンシップがニューイングランドに広く展開したとみてよい。

前述のヘニカー・タウンシップは、ニューハンプシャー歴史協会所蔵の地図では、南北に一三区画、東西に二一区画に平行線で細分割された様子を描いている。図I‐7の中央東南部付近の星印のタウンシップのように全体がやや菱形なので、細分割の形状もまたやや菱形になっている。

少し時期は下がるが、バーモントのブリッジウォーター・タウンシップの連邦議会図書館所蔵図（一八〇九年）の場合は、一七六一年に二六、〇〇〇エーカーのタウンシップの領域が六九区画にほぼ等分された状況が描かれている。単純にみれば一区画平均三七六・八エーカーとなる。

これらの例をはじめ、一八世紀中ごろ以来、ニューハンプシャー、バーモント、メーンなどの領域に設定されたタウンシップには、方形の外形を有し、内部が規則的に細分されたものが増加した。

これらのタウンシップには、すでにダグラス・マクマニスが注目しているように、中心集落の立地計画ないし、立地予定地が存在しない。マサチューセッツ湾植民地、コネティカット植民地などの初期のタウンシップには、いずれも中心付近にタウン広場、集会所用地、各種広場などが設定されていた場合が多かったのである。図I－4のバールの場合も、ほぼ中心に集落があった。

最も典型的な例は、ニューヘイブンであり、方格に区分された区画の中央の一つがそのために確保されていた。

## ●ニューイングランドタウン

ニューイングランドのタウンは、このようにして次第に規則的な方形の領域を有するようになり、その内部にも規則的な土地区画が形成されるようになっていった。その機能についてもすでに述べたが、ジェウェル・フィリップスは一九五四年の著書で次のように整理していることを再確認しておきたい。

「ニューイングランドタウンは、代表選出区、裁判管区、市民軍の単位であり、地方行政の領域でもあった。初期のタウン行政は、貧民救済、街道整備、治安維持、初等教育、土地所有登録、税の評価及び徴収、そして、さまざまなことに関わる条例制定など、の責務を有していた。」

同書はさらに、マサチューセッツの当時のタウン数を三一一（他に市が三九）、ニューハンプシャーのタウン数を二二四とし、他に市あるいは町相当の自治体一一、未組織地区二三、タウン制をとっていない集落であるが法的にはこれに準じる自治体を六八としている。またハロルド・オルダファーによれば、一九三五年のメインについて、タウン数を四三四とし、他に市二〇、組織された農園群二二、未組織の農園群四一、タウン予定地三九二としている。

いずれも先に紹介した一八世紀の地図の段階よりも、多くのタウン数に増加していたことが知られる。この中で、「タウン予定地」とされているのが「タウンシップ」である。すでに述べたようにタウンシップの語は、タウンの領域、ないしその予定地を意味するのが次第に普通となった。ただし一部には、法律文中や議事録中においてすら、依然として行政単位でもあるタウンとの混用があった。

## ●タウンシップ内の土地区画

ニューイングランドのタウンシップは、入植の進展に伴って次第に六マイル四方といった方形の外形を有するようになり、さらにその内部も碁盤目状の方格に区分されて、個人の入植単位となることが多くなった。

ただし、マサチューセッツ植民地西南方のコネティカットでは、ショッツ（割前）とかラダーズ（梯子《はしご》）と呼ばれた、地筆の境界が梯子段のような形状を示す土地区画が一般化した。有名なニューヘイブンだけが、中心部の正方形の区画を九分割した、方形方格のものであった。しかし、それがタウンシップと呼ばれることはなかった。

これに対して、マサチューセッツでは開拓の進行に伴って、内陸部で方形のタウンシップの設定がみられるようになったことはすでに述べたが、北側のニューハンプシャー植民地や北東のメーン植民地でさらに規則的な土地区画が設定された。

ニューハンプシャーへの入植は、ピルグリムファーザーズの入植期以後ほどなく始まったが、マサチューセッツ湾植民地の領有権の主張もあって、合併と分離を繰り返した。一七世紀末から一七四一年まではマサチューセッツの管轄下、一七四一年からは王室領として分離し、アメリカ独立戦争では、その母体の一三植民地の一つとなった。

なお、ニューハンプシャー西部のバーモント州の地もニューハンプシャーとニューヨークとの間で、ニューハンプシャーと類似の離合をした。恒久的な入植地建設は一八世紀に入ってからであり、アメリカ合衆国独立前後にはバーモント共和国として一〇年余の間、自立していた。

一方マサチューセッツ北東部のメーン州の地は一七世紀後半以来、マサチューセッツ湾植民地の管轄下にあり、アメリカ合衆国独立後もマサチューセッツ州の一部であった。メーン州として分離したのは一八二〇年のことであった。

各州成立の経緯はこのようにやや複雑であるが、先に述べたように、ニューイングランドではマサチューセッツ型、つまりコミュニティの領域を示すタウンシップが、次第に規則的な土地区画を伴うようになっていったとみてよいであろう。

一七四一年に最終的に分離したニューハンプシャー植民地のウェントワース総督に対する次のような勅令（一七四一年九月一〇日）がその状況をよく示している。

「各タウンシップは、約二万エーカーの土地からなるものとし、六マイル四方を越えないものとする。この各タウンシップにはタウン（市街）設立の特定用地を設定するものとする。……ただし……五〇ないし五〇以上の家族が入植し始めるまではタウンを建設しないものとする。」

この勅令に従って典型的な土地区画を設定するとすれば、六マイル四方の正方形のタウンシップを設定し（総面積二三、〇四〇エーカー）、その中に市街建設予定地を確保する、ということになろう。この勅令のようにタウンシップの語は明らかに入植用の土地を示し、タウンは市街であった。五〇家族以上という数しか出てこないので実態は不明としても、かりに五〇家族の入植とすれば、一家族あたり、平均四四八エーカーの土地を確保できることとなる。

具体的な例では、マサチューセッツ政府によるニューハンプシャーのバーネットと称するタウンの設立時の特許状は、一七五二年に「六マイル四方で、街道や改良不能地などの余地を除き、二三、〇四〇エーカーの土地」といった規定をしていた。同様の趣旨は例えば、続く一七六六年のアクワースと称するタウンの特許状にも継承された。

## 2　中部大西洋岸の植民地

### ●ニューヨーク植民地

英領ニューヨーク植民地が一六七四年に確立する前に、オランダ領ニューネザーランドが存在したことはすでに述べた。

それまでの経緯は必ずしも単純ではないが、一六一四年には後にニューヨークとなる地がニューアムステルダムと称され、植民地としてはニューネザーランドと呼ばれていた。その領域は南のデラウェア川から北のコネティカット川に及んでいた。一六二五年にはオランダ西インド会社が総督を任命し、計四代の総督の下で一六六四年まで領有が続いた。

英領ニューイングランドの北側にはニューフランスがあって、三カ国の領有する植民地が鼎立した状況であったこともすでに述べた。この頃、しばらくはデラウェア川西南岸にはスウェーデン人の居住がみられ、ニュースウェーデンと呼ばれていたから、その間は北アメリカ大陸東岸に、四カ国の植民地ないし入植地が近接して存在したことになる。

一六六四年、英国王チャールズⅡ世が、ヨーク公爵にデラウェア川からコネティカット川にかけての領域の領有を勅許した。これ以前から、英国・スウェーデン・先住民インディアンとの競合と闘争が激化していたニューネザーランドは、ヨーク公の派遣したチャールズ・ニコルズ卿指揮下の海軍に屈した。その結果、英国法の下にニューアムステルダムはニューヨークと改称され、オランダ人が土地所有を更新するには多大な費用を課された。

一六七二年にニューヨーク総督はニコルズからフランシス・ラヴレースに代わったが、その間

図Ⅰ-8　17世紀後半の北米大西洋岸中南部の概要

隙をついてオランダ海軍の小部隊が再占領を果たし、一時的に再びオランダ治下となった。しかし、一六七四年にはヨーク公が新たに特許を得てエドムンド・アンドロス卿を総督として派遣し、同年一〇月に現地に着任した。このようにして英領ニューヨーク植民地が再確定した。

この折のニューヨーク植民地におけるハドソン川、デラウェア川間の領域が後にニュージャージーと名付けられ。さらに一六八二年、デラウェア川の西には後に詳しく述べるペンシルバニア植民地が設立された（図I－8参照）。

## ●ヨーク公の政策

ヨーク公爵によって派遣された先述のニコルズ総督は、母国イングランドのヨークシャーにおける統治・行政の経験を基に、ニューヨーク植民地においてこの地域により適合した形での政策を実施したと一般に評価されている。

キース・カベナー編の史料集には、「ニコルズ総督の布告」という形で示された政策が収載されている。これには、「土地購入者はタウンをつくってそこに住むことができる」といった基本的な権利と共に、「タウンシップは特有の法をつくる権限がある」とか、「聖職者の経費を負担し」、タウンの「職員を自由に選ぶ権限がある」といった事柄を記している。

この一連の布告において、ニコルズ総督が規定したタウンシップとは、明らかに行政組織を示すものであった。ニコルズ総督の政策の基礎は「ヨーク公の法」と呼ばれたヨーク公爵の基本政策に従ったものであった。ヨーク公爵の政策とは本来ヨークシャーの統治のためのものであり、ヨークシャーでの経験と実態を反映したものであった。

当時の、つまり一七世紀初めごろ、ヨークシャーは現在と同様にイングランド最大の巨大な郡（州とも訳されることが多いが、以下では郡と表現する）であり、実質的な郡に相当する規模の単位に三区分されていた。それぞれの領域は東・西・北のライディングと呼ばれ、その下にこれもヨークシャー独特の「ワッペンテイク」と、市場町などのタウンが行政区として設定されていた。これらとともに教会の教区としてのパリッシュが別途設定されていた。先にハリファックス・パリッシュの例を説明したように、パリッシュ自体がかなり大規模なために、いくつかの分教区（チャペルリー）ないし分会堂（チャペル・オブ・イーズ）が設置されていた。

一方、当時の集落としては、タウンのほか、ヴィレッジ、ハムレットなどの規模・形態があったこともすでに紹介した。これらと逐一対応するわけではないが、パリッシュは多くの場合、いくつかのタウンシップに分割されていた。

教会の教区であるパリッシュに困窮者・婦女子の救済義務をになわせた、貧民救済法の実施は、ヨークシャーでは早くも一五九七年に確認される。これは、それまでのマナーを単位とした行政組織とは別に、本来教区であったパリッシュに行政機能を付与したことになる。これが宗教上の教区であったパリッシュが後の行政パリッシ（シビルパリッシュ）となる第一歩であり、この流れは一六〇一年の法律でも再確認されるなど、イングランド全体の基本的な動向となった。

ところがヨークシャーでは、最初の貧民救済法の施行の翌年から、すでにウェストライディング（後のウェストヨークシャー）のタウンシップにパリッシュと同じ機能を付与していたのである。一六六二年にはさらに、イングランド法によってヨークシャーなど八つの郡でタウンシップないしヴィレッジを貧民救済法の単位として明確に定めた。

つまりヨークシャーは、ヨーク公支配のニューヨーク植民地が成立した一六六四年ごろ、タウンシップが実質的にも法律上も、すでに行政パリッシュの役割を担っていたことになる。しかも、イングランドでのこの動向のいわば最先進地であった。「ヨーク公の法」の下における「ニコルズ総督の布告」が、タウンシップを行政単位ないし自治体の単位として設定したのは、ヨークシャーの経験・実態を反映した、ヨークシャーに由来する機能に他ならなかったのである。

## ●英国王とヨーク公

ヨーク侯爵について振り返るために、この時期の英本国の政権の変動を概観しておきたい。ヨーク公にニューヨーク植民地を勅許した英国王チャールズⅡ世は、一六六〇年にイングランド、スコットランド、アイルランドの国王となったスチュアート朝の二代目の王であった。その父王チャールズⅠ世は、いわゆるイギリス市民革命の中で、一六四九年に処刑された（清教徒革命）。チャールズⅡ世は、クロムウェル時代の亡命を経て、王政復古により王位に就いたのである。在位中に三次におよぶオランダとの戦争を経てニューネザーランドを得たことはすでに述べた。

勅許によってこの地の権利を得たヨーク公は、チャールズⅡ世の弟であった。チャールズⅡ世は王妃との間に子供がなかったことから、ヨーク公は、チャールズⅡ世の没後の一六八五年にスチュアート朝を継承し、イングランド王ジェームスⅡ世となった。ただしスコットランド王としてはジェームスⅦ世であった。

一六八八年、オレンジ公ウィリアムの来寇により、ジェームスⅡ世は国外に逃亡し、いわゆる名誉革命が成立した。王位には、ウィリアムⅢ世と、その妃となったジェームスⅡ世の王女メアリーⅡ世の二人が、それぞれ国王と女王として就任し、英国は二人の共同統治となった。なお、ジェームスⅡ世は退位して逃亡の後、一七〇一年に没するまでフランスで生活した。

つまり、ニコルズ総督を派遣したヨーク公は、イングランド国王の弟で、後に王位を継いだ人物であった。

## ●ニューヨーク植民地とその周辺地域のタウンシップ

さて、ニコルズ総督の布告に示すタウンシップとは、行政組織を意味したことはすでに述べた。

イングランドのヨークシャーにおいて、タウンシップはいち早く貧民救済の実施単位となっていた。タウンシップのこのような行政単位化の実態を受けて、ヨークシャーでのタウンシップとは、行政機能を強く有するものであった。このことからアメリカにおける地方自治政府の起源は、ジェウェル・フィリップなどによれば、このようなタウンシップとしてのニコルズ総督の布告にあると理解されている。

この流れの中でニューヨーク植民地では、郡（カウンティー）とタウンないしタウンシップが基本的な地方行政単位となり、その行政組織となった。地方行政組織及びその単位としては、ここニューヨーク植民地に北米大陸での起源があったことになる。ただし、それはニューイングランドのタウンシップのように、方形の領域ないしその内部の規則的土地区画を志向するものではなかった。ニューイングランドのタウンシップがタウン予定地あるいはタウン領域を強く意味したのに対し、ニューヨークの場合は行政組織そのものを意味したのである。

とはいえ、一七八八年の法律によって区分された一二〇のタウンシップには、ニューイングランドと類似の方形のものが多かった。州北西部のマディソン郡、シェナンゴ郡およびそれ以西では特にその傾向が顕著である。

ニューヨーク植民地の西部は、ヨーク公、すなわち後のジェームスⅡ世によって二人の友人に分与され、やがてニュージャージーとして分離するきっかけとなった。とはいえ、一七三八年にジョージⅡ世によって、ニュージャージーにルイス・モリス総督が任命されるまで、ニューヨーク総督がニュージャージー統治を兼務することが多く、統治政策もまたニュージャージーにおいては、ニューヨーク植民地と類似することが多かった。たとえば一七七七年刊の地図でも、「ニューヨーク及びニュージャージー州の地図」と題して両者が一緒に表現され、扱われていた（ニューヨーク州立資料館蔵）。

ニュージャージー中央部大西洋岸のモンマス郡の場合、一七〇一年の地図（連邦議会図書館蔵）では郡内に六つのタウンシップ名が記入されているが、境界線は描かれていない。郡が六つに区分されているとみられるが明確な境界がなく、もとより規則的ではない。しかも各タウンシップ内にいくつかのタウンがある場合や、「ミドルタウン・タウンシップ」という名称のものもあって、ここではタウンシップはまず領域であったと判断される。モンマス郡の設定は一六七五年であり、現在もタウンシップは郡の下位の地方自治体を示す。

## ●ペンシルバニア植民地の建設

イングランドのクエーカー教徒の一団は、一六七七年にニュージャージーの西部・南部一帯に到着することとなった。ピューリタンのピルグリムファーザーズに遅れること四半世紀、ニューヨーク植民地再確定の三年後のことであった。これがきっかけとなり、独立時の一三植民地の一つ、現在のペンシルバニア州の起源となった。

ここに至る背景には、見逃すことのできない二つの背景がある。

一つは、彼等がクエーカー教徒であったことである。ピューリタン主導のニューイングランドでは、クエーカー教徒の移住には否定的であった。

一方、この植民地建設を主導したウィリアム・ペンの同名の父は、ヨーク公にニューヨーク植民地を勅許したチャールズⅡ世に対して、有力な海軍軍人として近侍すると共に、多額の貸金を有していた。チャールズⅡ世は、この借金をペンシルバニアの土地によって弁済しようとしたのである。この土地をペンシルバニア（ペンの森の国）と名付けたのもチャールズⅡ世であった。父ウィリアム・ペンはイングランド国教会の信徒であったが、クエーカー教徒となった息子ペンは国教会中心の政治・社会に反発し、投獄されたりもして父を苦しめた。これが二つ目の背景であった。

イングランドから遠く離れた北米に、別天地を準備することが、国王や父ペンにとっても意味のある選択であったものであろう。ただし、一六七七年の段階では、ペンはイングランドにとどまったままであった。ペン自身によるイングランドでの広報活動の効果もあって、ペンシルバニアへの移民は急増し、ペンシルバニア植民地は活況を呈した。

後日談になるが、ペンシルバニア植民地がペン自身に経済的利益をもたらすことはなく、後にペン自身は借金のために収監され、また、没した時には無一文であったという。

## ●ペンシルバニアの土地計画

ペンが得た土地は、デラウェア川西北の四万五千平方マイルに及ぶ広大な土地であった。正式にこの土地の特許状を得たのは、一六八一年秋のことであった。ペンは翌年四月、トーマス・ホームを測量長官に任命した。ホームは同年夏にペンシルバニアに到着し、秋にはすでに場所の定まっていたフィラデルフィアの測量と計画を実施した。

ペン自身もこの後一旦は植民地にやって来て、ホームと共にフィラデルフィアの都市計画に関わった。

フィラデルフィアの都市計画は、デラウェア川とシュルキル川（一六八二年ロンドン刊のホーム測量図では、スクールキル川）の間の、外形がほぼ長方形で方格状街路を有するものであった。ほぼ東西南北方向の市街地中心部に方形の広場が設定され、そこで直角に交わる大通りで市街地が四分されていた。さらにこの四分された各部分ごとにも、中央北寄りに方形の広場が設定された。

この都市計画は、英語圏における方形方格都市の典型ないし、早い時期のモデルとして重要視された。その起源ないしさらに先行するモデルについては、ジョン・レップスの推定によればほぼ次のようになる。英領植民地の方格状都市計画としてはニューヘイブンがあったが、北アイルランドにも若干の先行例があり、ロンドンにも方形広場があった。レップスは、一六六六年の大火後のロンドンの都市計画がペンにもっとも大きな影響を与えたと推測しているのである。後掲のホームの地図に付された市街図によれば中央の方形の広場に面して、集会所・議会・市場・学校などの公共建築物の立地が予定されていた。

ペンはさらにフィラデルフィアの西部、デラウェア川西岸一帯への入植地の設定を進めた。ペンシルバニアから英国に戻ったペンは、一六八五年の『ペンシルバニア植民地のさらなる報告』において、「我々はタウンシップあるいはヴィレッジの形で入植するのである。その一つ一つは五〇〇〇エーカーの広さと少なくとも一〇家族……を擁す。我々のタウンシップは方形であり、通常中央に集落（ヴィレッジ）がある」、と説明していた。

ペンの説明するタウンシップは、コミュニティの単位であり、また方形の土地からなるその区画でもあった。ペンはこの報告の中で、「五〇のタウンシップがすでに設定された」と主張していた。

## ●ホーム測量長官の地図

ところが、ホームの測量による「アメリカにおけるペンシルバニアの利用された部分の地図―カウンティ・タウンシップ・土地区画」（図Ⅰ-9）では、「ダッチ・プリマース・ジャーマン・

ラドナー・ハーヴァーフォード」などと名付けられた七つの不規則な方形の土地が、タウンシップとして「マナー」と並んで表現されているに過ぎない。同図はホーム在任中から一七二〇年ごろの刊行まで、継続的に使用されたとみられるから、確かにタウンシップという単位は存在したものの、ペンが報告し、あるいは期待していたような五〇ものタウンシップは存在していなかったと見られる。しかも、形状に一定の特徴はなく、コミュニティないし、社会的な単位としての性格が強かったものと思われる。

後にペンシルバニア州では、一七

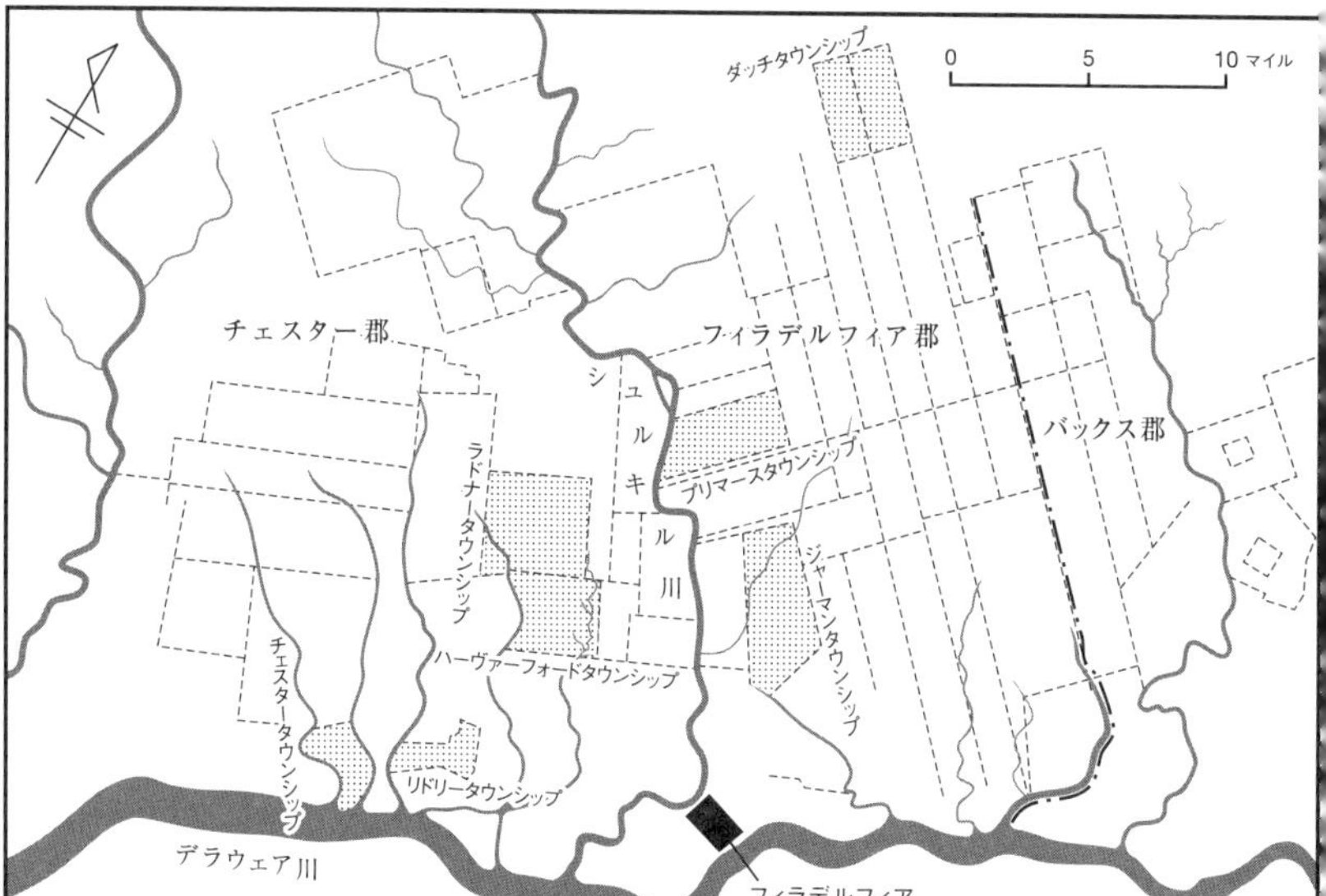


図Ⅰ－9　ホーム作製フィラデルフィア周辺図（1682-1720年ころ）

八七年、一八〇三年、一八三四年など何回かの法律によってタウンシップの機能にふれている。しかし、すでにジャック・レモンが指摘しているように、タウンシップは必ずしも重要な地方行政単位とはならなかった。重要であるかどうかは別にして、一九九六年のペンシルバニアには、九一の一級タウンシップと一、四五七の二級タウンシップがあった。

## ●メリーランドのハンドレッドとパリッシュ

一六三二年、英国王チャールズI世は、ボルチモアII世男爵に、メリーランド領有を勅許した。北緯四〇度線以南、後述のバージニア以北の広大な範囲であった。ボルチモア卿は総督を派遣し、また立法議会をつくって制度の確立を進めた。ただし、ボルチモア卿がカソリック中心の植民地づくりをしようとしたのでヨーロッパの宗教紛争に巻き込まれ、またインディアンとの紛争も大きかった。

メリーランド植民地では、初期の行政単位はハンドレッドであり、選挙区の単位でもあった。ニューイングランドのタウンシップのような市民会もこの単位で行われたが、ハンドレッドの役人は総督または植民地政府によって任命された。一六九六年の英国政府への報告によれば、メリーランドには一一の郡があり、各郡二〜一〇のハンドレッドからなっていた。一方パリッシュ数は三〇で、ハンドレッドとパリッシュは対応してはいなかった。

土地の売却は一〇〇エーカー当たり四シリング（一六七一年）に固定されていたが、その認可は不規則であった。一七二二年に至って各郡数人の測量官による地籍図作製と測量、さらに全体の調査官が任命されたことが報告されている。

## 3　南部大西洋岸の植民地

### ●バージニアのハンドレッド

ピルグリムファザーズを、前述のようにニューイングランドへ派遣したのは、プリマスに本拠を置く、バージニア会社の支所であった。これが一六二〇年のことであったのもすでに述べた。同社のロンドンに本拠を置く支所はこれより早く、一六〇六年に開拓移民団を送り出していた。その一団は、後に湾岸にワシントンが建設されたチェサピーク湾の湾口付近に流れ込む川（ジェームス川と名付けられた）の川沿いにジェームスタウンを建設した。しかし現地でのトラブルおよび補給上の問題から、ほとんど失敗に帰していた。

一六〇九年に新たな勅許によってバージニア会社が再編されるとともに、翌年デラウエア卿一行が改めてジェームス川流域に入植した。このバージニア植民地は、今度はタバコ生産によって経済は軌道に乗り始めたものの、現地の先住民インディアンとの紛争は拡大した。

一六二四年に至り、バージニア会社への勅許が破棄され、バージニアは王室領植民地となった。改めてウィリアム・バークリーが総督として派遣されたが、バージニア植民地はインディアンとの紛争が続いたのに加え、やがてイングランドの内戦の影響をも受けることとなった。

チェサピーク湾岸では、郡（シャイア）が設定された（数年後にカウンティと改称）。ただし形状は、地形のまとまりに対応したもので、境界線は統一的ないし規則的なものではなかった。

さらに郡の下には、ハンドレッドと称する単位が設定された。ハンドレッドは、イングランドで使用されていた郡内部の村落の行政単位であり、郡は「一〇〇エーカーの土地を有し、一〇分の一税を納めることのできる人々一〇〇人を設定し（ハンドレッド）、それが議会に一人の代表を送るものとする」とされていた。実際にはハンドレッドは、八〇、〇〇〇から一〇〇、〇〇〇エーカーの面積からなる領域であったが、領域としてはいかなる規則性を持つものでもなかった。これとは別に、パリッシュも設定されていたが、パリッシュはあくまでも教区であり、同一のハンドレッドが別のパリッシュに分属していることすらあった。

## ●カロライナの設立とその分割

王室領バージニア植民地の南限は北緯三六度線であったがその南方の土地は、一六六三年に八人の領主に勅許された。この八名はいずれも内戦の後イングランド国王チャールズⅡ世の復位に功績があった有力者であった。この八名の植民地領主の地はカロライナと名付けられ、この八名が指名した知事（ガバナー）と強力な行政委員会がその植民地行政を主導した。

カロライナ植民地はまず郡に分割され、その郡はまず選挙区（プレシンクト）に区分された。人口増加が進むと当初の郡が廃止され、選挙区が郡となり、地方行政と裁判の単位となった。

カロライナは植民地領主制を採用していたためもあって、イングランドの荘園制時代の行政システムを基本としていた。したがってジョン・バセットが早く指摘したように、パリッシュはあくまで本来の教区のままであり、行政機能は有していなかった。

カロライナではその後、英国国教会を設立する計画をめぐって意見の対立が表面化し、英国王はまずその南半部を買い戻して別植民地とした。一七一九年のことであった。このサウスカロライナ植民地には国王が総督を派遣したが、ノースカロライナでは依然として八名の植民地領主が知事と主要行政委員を任命し続けた。やがて一七二九年までに、英国王は八名の植民地領主の権利の大半を買い取り、やはり直轄植民地として総督を任命するようになった。

ノースカロライナでは、タウンシップの用語は一八〇〇年代から使用されるようになったが、その領域の規則的な形状での設定は行われなかった。その後一八七七年には、郡を分割した行政単位としてタウンシップの語が使用されるようになった。現在一、〇三五のタウンシップが存在している。

なお、一七三二年には、サウスカロライナから南のジョージア植民地が分離した。ジョージアでは一七六一年に、四〇、〇〇〇エーカーの地を一つあるいは複数のアイルランド移民のタウンシップとする申し入れがあったことが知られており、一七七二年の地図にそれが初めて描かれた。

二〇〇〇年代に入って法整備がなされ、現在もその語が使用されている。ただし、厳密には地方自治体ではなく、それぞれのタウンシップの要請によって、郡の行政サービスを受ける単位としての特定の区域である。

## ●サウスカロライナのパリッシュとタウンシップ

すでに述べたように、パリッシュは教区から次第に行政単位としての機能を強め、一七世紀末には、英国および英領植民地での行政単位としての一般的存在となっていた。カロライナでもパリッシュは一七〇四年に設定し始められていたという。

ところが一七三〇年のサウスカロライナ総督への勅令には、パリッシュのみならずタウンシップをも設定すべきとする指示が含まれていた。これによれば、タウンシップは個別のパリッシュの中に明確に線引きして設定されるべきものとされていた。この時点ではタウンシップはパリッシュの下部単位に位置付けられていたことになる。

一七五七年刊のサウスカロライナとその周辺の地図（連邦議会図書館蔵）によれば、図Ⅰ-10のような状況であった。同図に示した部分には、川に接した四区画の二重の方形が見られる。それぞれの三辺は川沿いにウオターフロントの方位とそれに直交する直線であり、外側は一辺一〇〜二〇マイルほどのパリッシュ、内側は一辺六〜八マイルほどのタウンシップと名付けられた区画

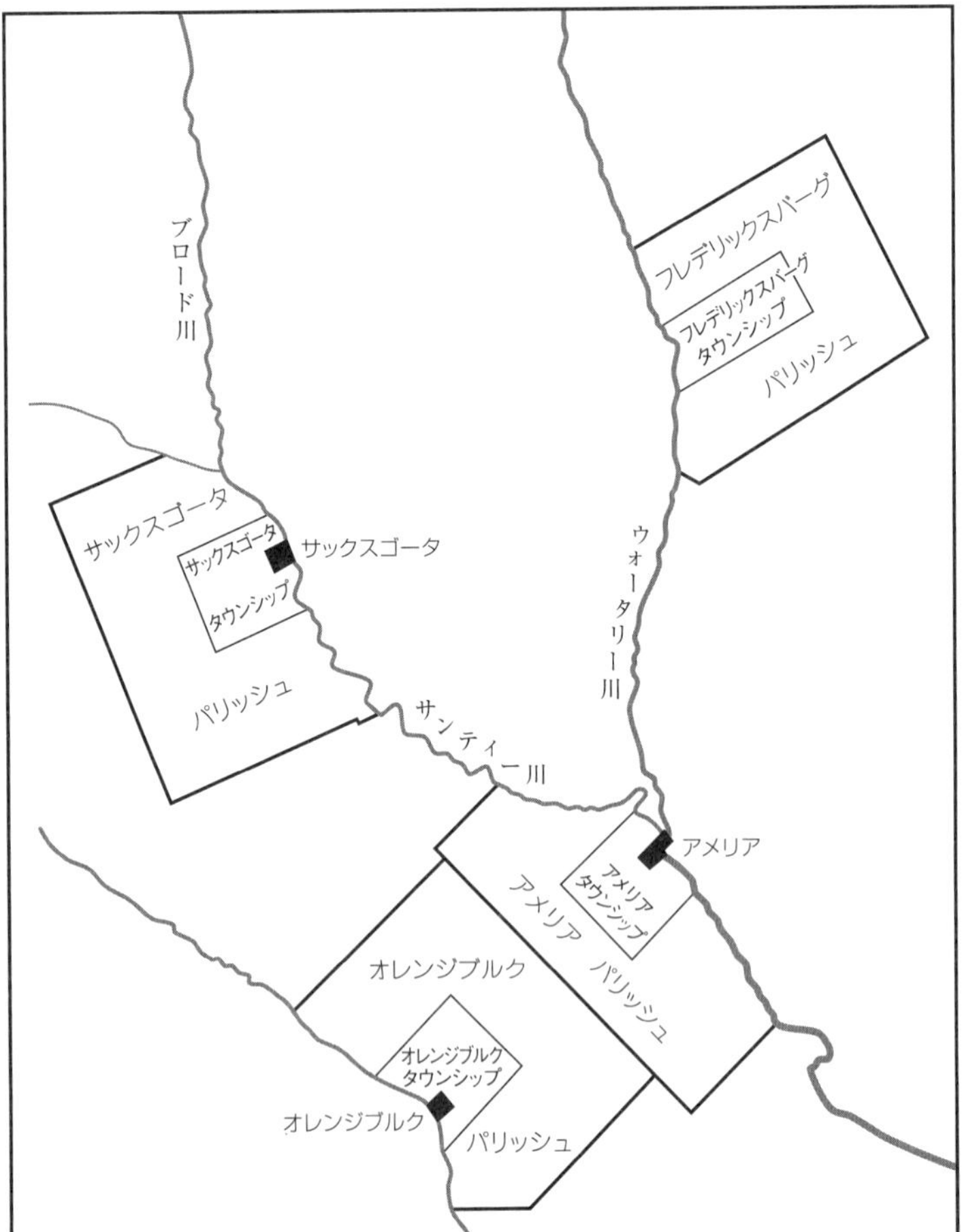


図Ⅰ-10　サウスカロライナのパリッシュとタウンシップ（1757年）

である。右上の例を除く川沿いの中央部には、パリッシュ、タウンシップと同名の黒い区画が示されていて集落予定地を示している。先に紹介したマサチューセッツ植民地ウースター郡のバールは方形のタウンシップのほぼ中央に集落が成立していた。計画としては類似の想定を伴っていたとみられる。一七三〇年の勅令には、確かに郡と共にパリッシュ及びタウンシップの設定が指示されていた。それにもとづいた同年のサウスカロライナの方針によって、まず九つのタウンシップが設定され、一七三二年から六〇年代にかけて順次入植が進められたのである。

つまりサウスカロライナでは、タウンシップはタウンの予定地およびコミュニティの計画範囲であり、パリッシュはタウンシップを含む教区であったことになる。ここではそれが、多くの場合、不連続に分布していたことになり、初期のニューイングランドのタウンシップと共通する性格のものであった。タウン予定地としてみた場合も、ニューイングランドのタウンシップと共通する性格のものであった。ただし、ニューイングランドのタウンシップはいくつも連続的に設定されるのが普通であったが、ここでは一つ一つが孤立して予定されていた。

前述の一七五七年の地図では、このような九つのパリッシュとタウンシップのセットがサウスカロライナに描かれている。このほかにパリッシュの名称のみが表現されているものがやはり九カ所描かれ、一七三二年以来ジョージアに属することとなったサウスカロライナ南辺にタウンシップだけのサバンナが表現されている。サバンナは一七三三年に方格状街路の計画都市として建設された、著名な例であった。サウスカロライナ南部では、パリッシュ名のみが描かれているもののほか、一例だけが図Ⅰ－10の右上のように直線で三方を画されていて同様のタウンシップも描かれており、他は境界線が表現されていない。

## ●ジョージア植民地のパリッシュ

ジョージア植民地は一七三二年、ジョージⅡ世の勅許により、ジェームス・オグルソープが建設した植民地であった。厳格な法律によって負債を有したままの人物の入植を防ぎ、またポルトガル・スペインなどイギリス以外からの移民を受け入れて発展した。設置以来二十年ほどの間は信託植民地であり、イギリス議会に設置された信託委員会が統治した。

植民地首都となったサバンナもまたオグルソープの計画によるものであった。市街中心部はほぼ正方形の三区画が六列に並ぶ形の方格プランの都市計画を基本とし、それぞれの中央に広場が設けられていた。サバンナはサウスカロライナのチャールストンと並ぶ奴隷交易の拠点となった。

一七六三年のトーマス・ライトの地図によれば、西岸にサバンナの位置するサバンナ川とさらに西のオギーチー川の間には、下流から上流にかけて三つのパリッシュが、オギーチー川とさらに西のアラタマハ川との間にも三つのパリッシュが設定されていた。後者の方は、西北―東南方向の直線で画されていた。

ジョージア植民地では、サバンナの都市計画だけが画期的な方格プランであったが、ほかに方格状の土地計画は存在しなかった。

### ●不規則な土地区画

さて、サウスカロライナの初期には、経済の中心はチャールズタウン（後のチャールストン）での貿易であった。すでにふれたようにとりわけ奴隷貿易が大きな比率を占めていた。チャールズタウンは一六七〇年に建設され、カロライナの首都として北米有数の港湾都市となっていた。

一方でインディアン奴隷の輸出と、アフリカ黒人奴隷の大農場主等への輸入が

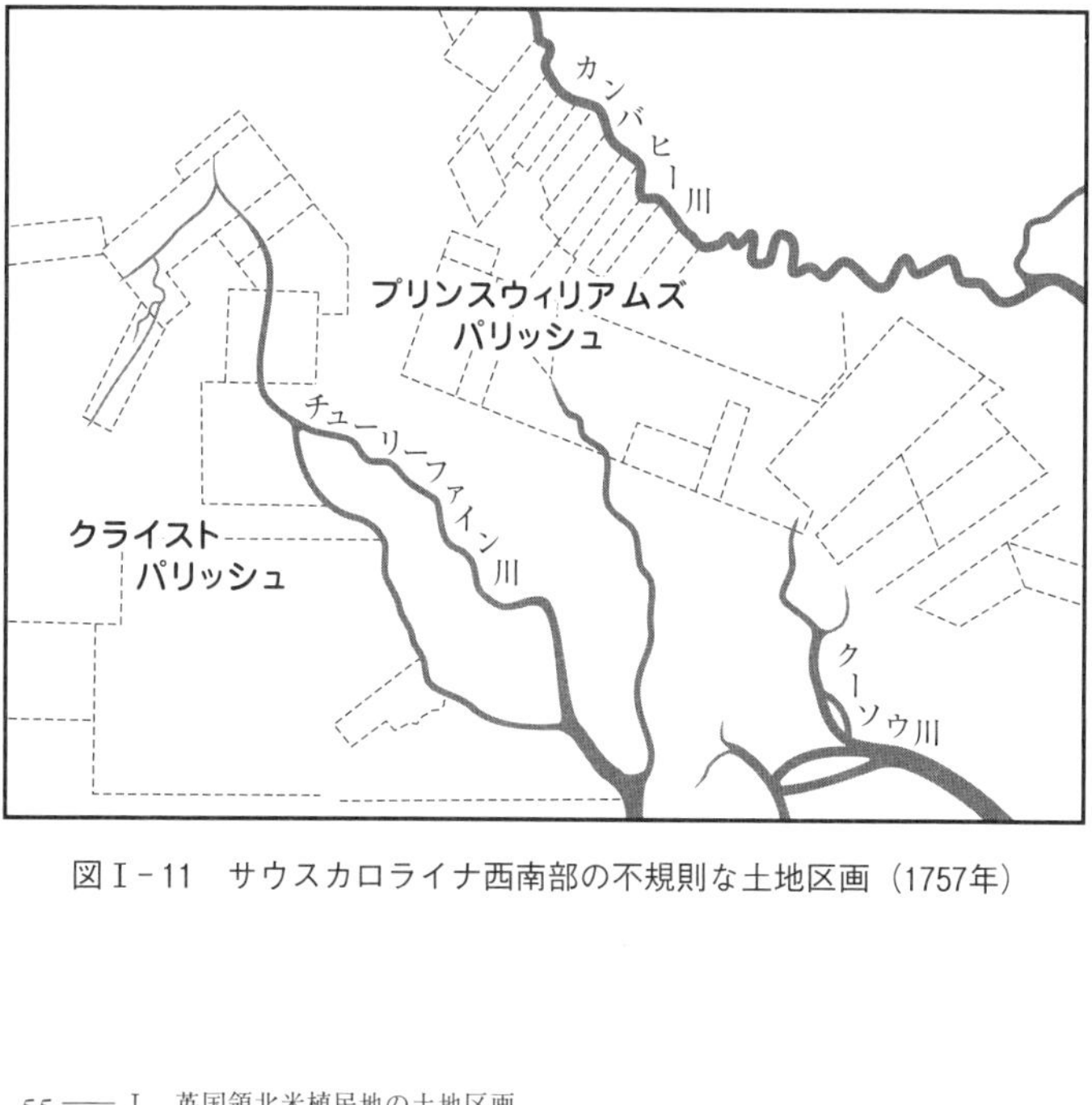


図Ⅰ-11　サウスカロライナ西南部の不規則な土地区画（1757年）

大きな流れとなり、インディアンとの対立も大きくなっていた。一七四三年に就任し、一七五六年までその任にあったジェームス・グレン総督は、チェロキー族との協定締結に努め、一七五五年にチェロキー族の六人の有力者との協定に成功して、当時の国王ジョージⅡ世に報告した。

すでにみてきた一七五七年の地図には、二四一名の土地所有者の土地の所在が記入されている。一人一筆つまり一つの地番のみの所有の場合もあれば、一人で数筆を有している場合もあった。相対的に入植と土地所有が進んでいたサウスカロライナ西南部では図Ⅰ‐11のような状況であった。同図のように、土地の所在地点だけが示されているものと、所有土地区画が示されているものがある。

土地区画が表現されている地筆には、川沿いに短辺を接した長方形のものから、やや変形の長方形のものまで多様であり、規則性はみられない。入植地・入植予定地が不規則に選定された結果とみてよいであろう。このような区画が存在したのはサウスカロライナ南部の川沿いの低湿地であり、ほどなく主要な農産物となる稲と、藍の一種であるインディゴの栽培に適した土地だったものと推定される。

## ●ミーツアンドバウンズ（標識点を結んだ境界線による不定形な土地区画）

図Ⅰ‐11の土地区画は、大小さまざまであり、河川に短辺を接しているものもあれば、そうでないものもある。この図の場合は入植・開拓の初期の段階を示したものであり、個人の所有地として確定した土地区画のほかに未確定部分が広く介在している状況である。

ところが、土地の占拠が進んで未確定部分が少なくなっていくにつれ、既存の土地区画を避けて新しい所有地の区画が設定されるためにさらに不規則に、また複雑な形状となっていく場合が多い。統一的・規則的基準がない限りこのような不規則な土地区画群が出現するのは必然的な流れである。

このような土地区画を「ミーツアンドバウンズ」と称している。本来ミーツというのは直線で境界を画することであり、バウンズとはより一般的に境界のことであるという。ミーツアンドバウンズとは、隣接の

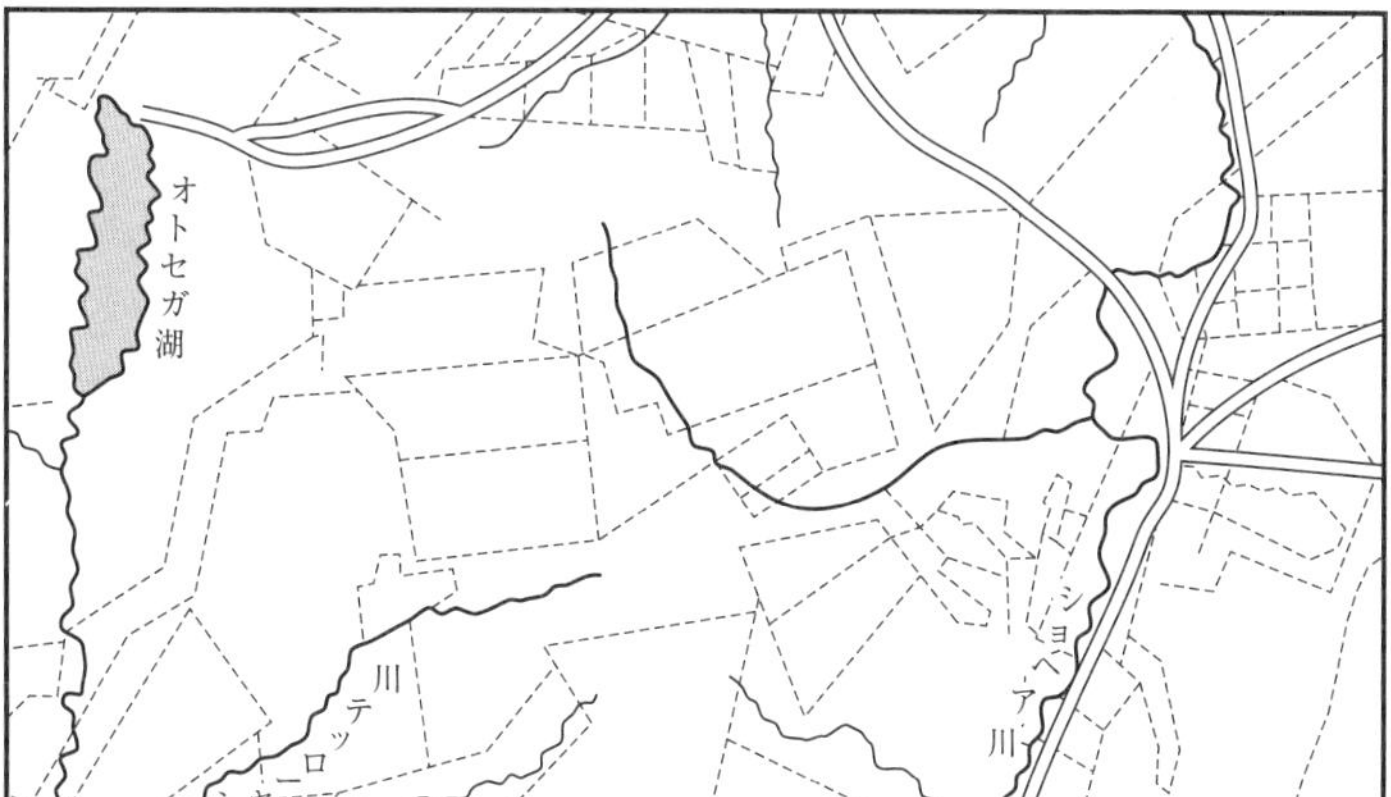


図Ⅰ-12　ハドソン川上流域の不規則な土地区画（1779年）

土地区画、川・山・道などの標識点を直線で結んで土地区画を確定した土地区画である。したがって標識点が四点であればともかく何らかの方形になるが、その数が増える程不定形な形とならざるを得ない。

大西洋岸における初期の英領植民地では、統一的・規則的基準がなかったために、このような状況の出現が不可避であった。方形を志向したニューイングランドのタウンシップにおいてすら、初期の段階では同様であり、その形状は多くの場合不規則であった。

ニューヨークでも同様であり、例えば図I－12は、独立直後のニューヨーク州北部、ハドソン川支流一帯における一七七九年刊行図に描かれた土地区画の状況である。隣接の土地区画との重複を避けるのが最大の要件であるが、川沿いの部分を所有に取り込む場合と、そうでない部分に設定せざるを得ない場合とがあり、土地区画の形状は実に多様である。

この方法、つまりミーツアンドバウンズには極めて明確な利点と欠点がある。利点としては、目的にふさわしい条件の土地を囲い込むことができる点である。しかもこの利点は、早く土地区画を設定し、早く占有したものにとって最も有利であり、遅れた者にとっては逆に不利に作用する。しかし開拓を進めて農場・牧場などを経営しようとする場合における、このような土地の条件は極めて重要ではある。

欠点としては遅れた者にとって単に不利なだけではなく、交通路の新設や地域計画にとって複雑な要素が加わってくることになることが指摘できる。また測量などの区画設定の作業量が多くなることも欠点の一つであろう。

このように功罪半ばするものの、大土地所有や大農場経営にとっては、一般に利点の方が多いとされている。

# II　アメリカ合衆国のタウンシップ

連邦議会議事堂（ワシントン）

## 1　西部（ウェスターンランド）

### ●東部諸州の西部分割

アメリカ合衆国の独立宣言を採択したのは一七七六年であり、第二次大陸会議においてであった。この大陸会議を構成したのが、旧英領の一三植民地であったことは広く知られており、繰返すまでもない。アメリカ東部の諸植民地は一七七〇年には、ボストンを皮切りに英本国と戦争状態に入っていたことはよく知られている。この状況において、東部諸植民地が第一次大陸会議を開いたのは一七七四年のことであった。

一方、ヨーロッパ諸国間ではこれとは別に七年戦争と呼ばれた戦争が続いていた。これが決着し、仏領ニューフランスを得て英領植民地としたイギリスは、同年にイギリス議会によってケベック法を可決した。この法律によって英領ケベック植民地は旧ニューフランスに加えて、インディアン居留地などの買収により、その領域を西はミシシッピ川東部まで、また南はオハイオ川北部に至る、後のオハイオ州域を含む広大な領域に拡大する権利を認められていた。このことが十三植民地の権益と大きく衝突することとなり、これが大陸会議の開催および独立に至る大きな原因の一つであった。

一連の戦争が終結し、パリ条約と呼ばれる英国との和平条約が結ばれたのは一七八三年であった。大陸会議に結集した東部一三植民地は新しい合衆国の州となったが、新しい合衆国政府自体はもちろん、旧植民地を母体とする各州もまた、イギリスとの戦争によって国内、国外に戦費の莫大な借金を負っていた。

一七八四年に大陸会議（同年三月三日から合衆国連邦政府となる）は、バージニア州によるオハイオ川北西部の土地、ウェスターンランドの領有を認めた。大陸会議はさらにトーマス・ジェファソンを議長とする、ウェスターンランドについての委員会を発足させた。西部の土地を測量して、（1）申請があった州へ割譲すること、（2）インディアン居住者への売却を進めること、あるいは（3）新しく成立した諸州へ編入すること、といった三方向の選択肢のいずれかとすることを決定するとともに、一三州によるウェスターンランドの土地の領有希望の申請を受け付けた。この折、例えば、コネティカットはオハイオ川とミシシッピ川間の北緯四一度と四二度二分の間を、マサチューセッツはその北側の四二度二分と四四度一五分の間の割譲を要求した。

## ●土地計画策定の背景

各州すなわち旧植民地の土地割譲要求自体が全体として膨大な量に上り、またそれぞれの希望領域も相互に錯綜し、時に重複してもいた。さらに軍役に服した人々への、通常であれば一人一〇〇―五〇〇〇エーカーの軍人恩給地の下付の必要性、土地投機会社による土地払い下げ要求など、状況は何重にも複雑であった。土地投機会社の払い下げ要求は、小口に分割して再販売するためであったが、このような会社には有力者が株主として控えている場合が多く、事情は一層複雑となった。

加えて、合衆国自体がフランスへの大きな戦費の借款を負っていたし、歳入増を目指すために土地売却を必要としていた。しかも、土地配分ないし売却の単位や方法も大きな問題であった。これにはウェスターンランドの土地計画をどうするのか、という課題が密接に関わることになる。これに対して新設の合衆国がいかに対応したのか、という経過の説明が必要となる。その説明に入る前に、まずその経過の中心となる要素を概観しておくことにしたい。この問題の主要な論点をあげておくことが、基本的な構図の理解を容易にすることになると思われるからである。

まず土地の規模という点からすれば、小規模分譲と大規模分譲とのいずれの方法をとるかの対立であり、前者は資力の小さな個人、後者は富裕な人々が望んだ。前者には、ニューイングランドに代表される、コミュニティーのデモクラシーを重視する経験が背景にあり、自立小規模農業への方向性を重視するものであった。後者には、南部の政治家やプランテーションオーナーなどの大農志向があった。しかも前者には、ジョン・アダムスやトーマス・ジェファソンの考えが近く、後者の方向にはアレキサンダー・ハミルトンやジョン・ジェイといった有力な政治家が属したことが一層複雑な展開に結び付いた。

しかも前者には、ニューイングランドのタウンシップのような、事前に方格測量を実施する方法が有効であり、土地を入手して入植を目指す資力の少ない人々に広く機会を提供することに結びついた。

一方後者は、先に述べたミーツアンドバウンズと称される土地測量の方法に結びつきやすく、大規模経営の農業展開に適していると考えられた。

## ●ジェファソン案の州とハンドレッド

さて、一七七五年に発足した第二次大陸会議に、ジェファソンはバージニアから選出され、代議員の一人となった。彼は翌年アメリカ独立宣言の草案を書き、後に第三代アメリカ合衆国大統領(一八〇一—一八〇九年)となった著名な人物である。ジェファソンはまた、通貨や度量衡などについての改革と統一をめざし、一七九〇年にその原案を作成して議会に提出した。ただし、この方向に批判的であった初代大統領ジョージ・ワシントンの下で、その法制化は難航した。

これに先立ちウェスターンランドの土地計画についても、ジェファソンの提案をもとに上院での審議が行われ、後に述べる一七八五年の土地法の布告に結びついた。ジェファソンのもともとの案は、図Ⅱ-1のように、新しい州を百マイル四方以上、一五〇マイル四方以下とするというものでー七八〇年の合意に基づいたものであった。具体的には、北緯三一度以北のオハイオ川以西について、緯度・経度二度ほどを一辺の標準とする方形の領域を新しい州域に予定するものであった。さらにその内部についても次のように想定していた。

「それ（州）は、経度一〇分（一〇地理マイル）四方のハンドレッドに分割されるべきである。この一（地理）マイルは六〇八六・四フィートであり、南北の直線とそれと直交する直線で画されるものである。この最初の線は、それが存在する州の一つの隅から一〇（地理）マイル離れているべきである。これらのハンドレッドは、一（地理）マイル四方または八五〇、四エーカーに分割されるべきである。」

この案を図示すると図Ⅱ－2のようになり、ジ

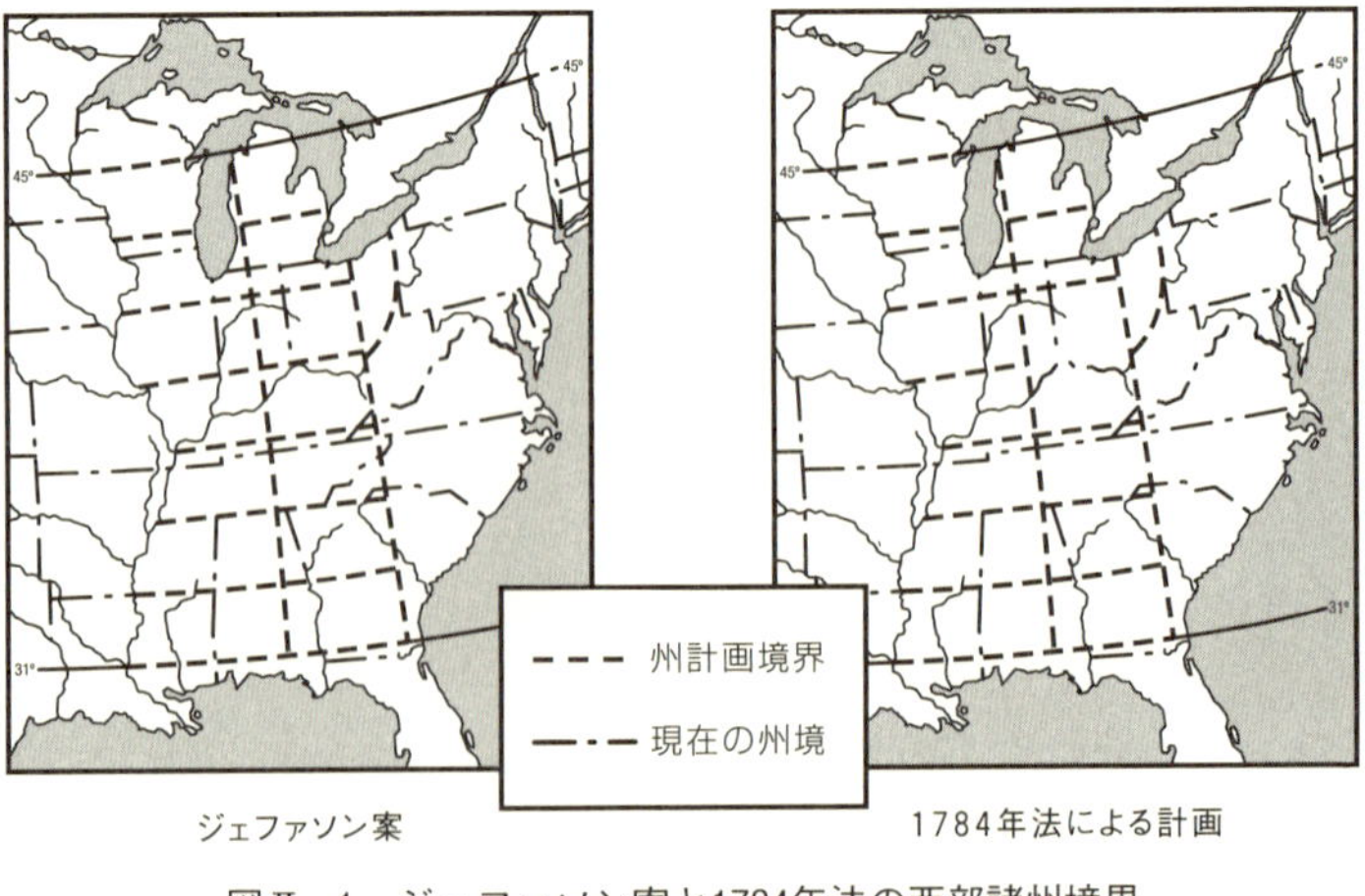


図Ⅱ－1　ジェファソン案と1784年法の西部諸州境界

エファソンはまず、正方形の領域のハンドレッドを想定しているのである。さらにそれを南北の直線で百等分した方格状の土地区画を想定していたのである。ただし、単位は経度を規準としており、ジェファソンの想定した一地理マイルとは、通常の法定マイルの一・一五倍ほどであり、一地理マイル四方は通常の一法定マイル四方の六四〇エーカーに対して一・三倍強の面積であった。

ジェファソンはさらにこの一地理マイル四方の区画（ジェファソンはロットと表現）について、「それぞれのハンドレッドの中で一から一〇〇の番号によって明示されるべきであり、北西隅の区画から始めて一列目に一から一〇の番号を西から東へ付し、二列目に一一から二〇を西から東へ付すといったようにする」と提案していた。さらに測量官に対して、設定されたハンドレッドの九つずつを担当として割り当て、

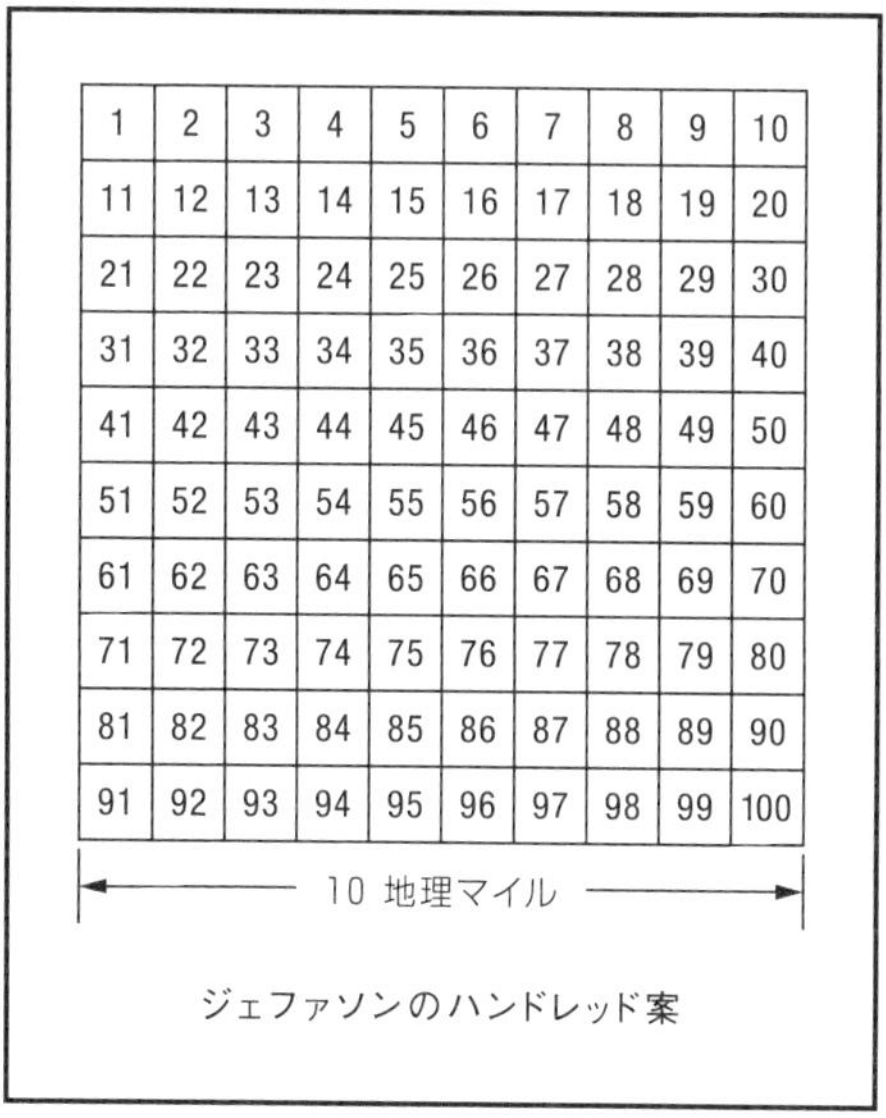

ジェファソンのハンドレッド案

図Ⅱ-2　ジェファソンの土地区画案

それぞれに一地理マイル四方への分割測量を実施して木に印を付け、地籍図（プラッツ）を作製させる、といった手続きをも想定していた。

ジェファソンがこのような直線で区画された規則的な領域計画を構想したことは、彼のニューイングランドの土地計画への理解に基づくものではあろうが、全体として統一的な制度を志向したジェファソンの基本姿勢の反映でもあろう。その中で、タウンシップではなくハンドレッドという名称を採用したのは、何よりも彼がバージニア出身であったことによるとみてよい。先に述べたようにバージニアには、既に地域単位としてハンドレッドが採用され、存在していたのである。各種の類似の地域単位の名称の中から、なじみのあるハンドレッドを選択したとみて大過ないであろう。

つまり、独立したアメリカ合衆国の新しい領域である「北西部領土」あるいは「西部の土地」には、一地理マイル四方の方格状の均一な土地区画と、それが東西南北に一〇〇集まった正方形のハンドレッド、さらにその上位の方形の州からなる土地計画を構想していたことになる。

## ●一七八五年の土地法

ジェファソンが外交交渉の代表としてヨーロッパに出かけた後、各州から選出された委員からなる委員会の委員長がウィリアム・グレイソンに交代した。この委員会でジェファソン案はかなりの修正が加えられた。まずハンドレッドの名称が、ニューイングランドや中部大西洋岸植民地ですでに一般的であった、タウンシップに変更された。さらに測量単位が地理マイルから法定マイルに変更され、そのタウンシップを七マイル四方、さらにその内部を四九区画とした。つまり、全体として三分の一強の面積規模に縮小した。また、ジェファソン案にみられなかったものとしては、各タウンシップに学校用一区画、教会用一区画を保留地とし、さらに将来の軍用地あるいは譲渡用としての連邦保留地四区画や、鉱物資源が発見された際の保留地などが確保されることとなった。この案の基本となる土地面積は法定マイルによる一マイル四方であり、大きさは六四〇エーカーとなり、ジェファソン案に比べると三割ほど小さくなっていた。

この委員会での一連の審議の結果、さらに変更が加えられ、一七八五年三月二十日にはタウンシップを六マイル（法定マイル、以下単にマイルと表記）四方とする新しい土地法が成立した。この土地法は、土地の測量・販売と入植を進め、歳入増をはかるために一連の過程を規準化するためと標榜した。インディアンから土地を購入し、その土地をまず組織的に測量したうえで、東西・南北方向の直線で画される、六マイル四方のタウンシップに区分する、としていた。先に紹介した審議途中の案より、さらに規模を縮小した単位である。また、タウンシップが南北に連なった列をレンジと称し、各タウンシップは一マイル四方あるいは六四〇エーカーのセクションに細分して、レンジごとにタウンシップには順に番号を付し、またセクションには各タウンシップ毎に規則的に一―三六の番号を付すものとした。先のような保留地はこの区画番号によって所在地が固定された。

## ●セブンレンジズ

この土地法では具体的に、オハイオ川の西岸における、七つのレンジの設定を定めていた。連邦地理官（ジオグラファー）の下に、各州から一名ずつ任命された測量官が地理官を補佐して実務に当たり、地理官が測量結果の地図（プラッツ）を作製した。連邦財務委員会はそのコピーを保存するとともに、譲渡先の州にも二―六か月以内に開示するとするものであった。

一七八四年以来、地理官はトーマス・ハッチンスであったが、その指揮下に入った測量官はさまざまな来歴の人々であり、たとえば測量開始は八人の測量官と三〇人程の測鎖チームだけで行わざるを得ず、測量遂行に問題を抱えていた。また費用不足にも悩まされ、途中で真南北基準線（メリディアン）の測量と設定に、一マイル当たり二ドルの費用しか当てられず、測鎖チームは、九日間の仕事で八ドルにしかならない、と申し出ていた。

ハッチンスに主導された最初の七つのレンジの調査結果の概要は図Ⅱ‐3のようであった。まず、オハイオ川がペンシルバニア西端に達する付近を測量起点とした。そこから西に向かって東西に直線（北緯四〇度三八分二七秒）を伸ばした。これは後に地理官線と呼ばれ、そこから南にタウンシップ列（レンジ）を伸ばし、東から西に、レンジ一からレンジ七までを設定した。このようにして最初に設定された七つのレンジが、後に単にセブンレンジズと呼ばれる測量と土地計画の単位となった所以でもあった。

各レンジを構成する、一辺六マイル四方のタウンシップの列は、北辺を東西の直線（地理官線）でそろえた碁盤目状を呈していた。各タウンシップは、南から北へと番号を付していた。例えば、レンジ一はタウンシップ一から五、レンジ七はタウンシップ一から一六で構成されており、隣接するタウンシップの番号はレン

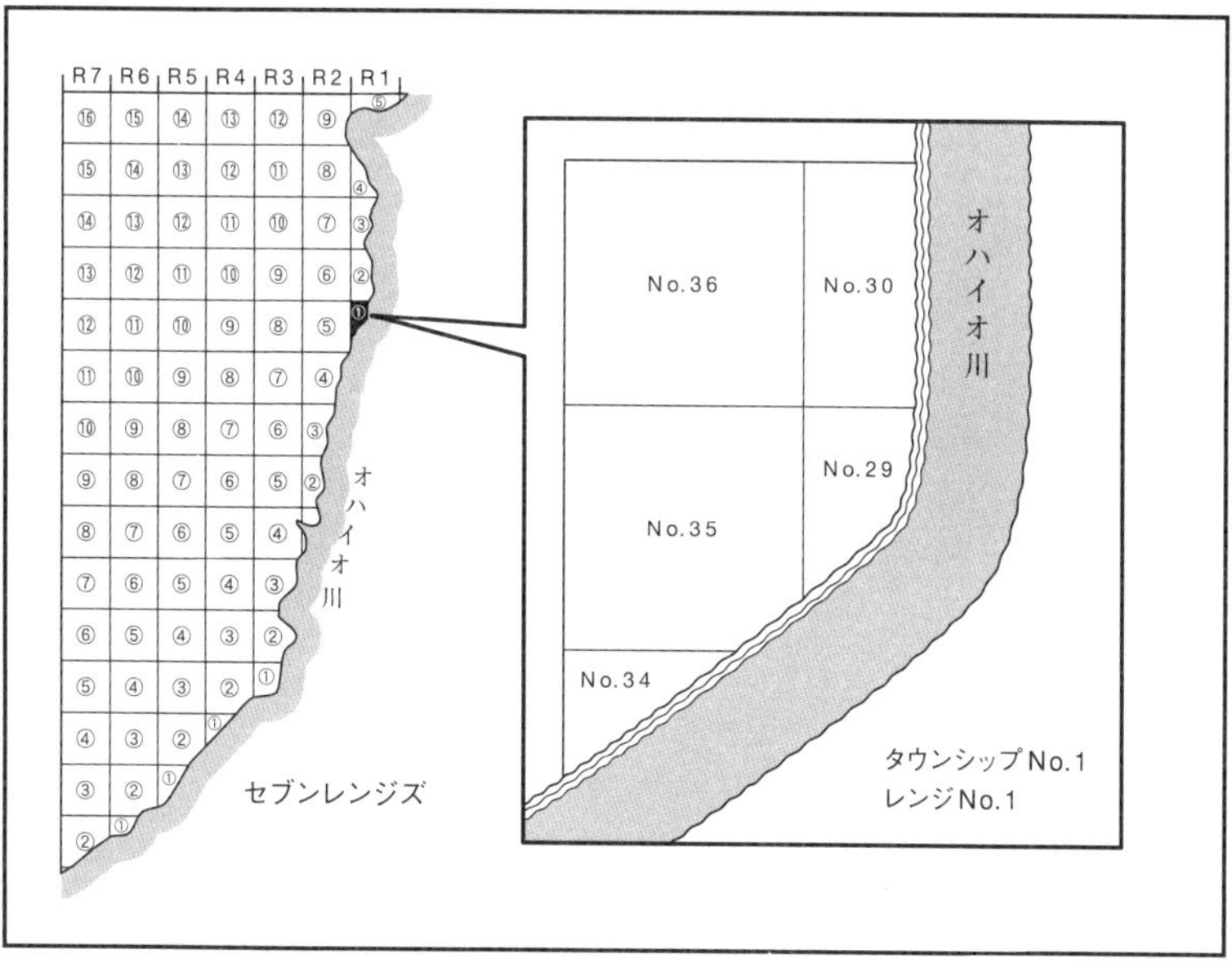


図Ⅱ-3　セブンレンジズとタウンシップNo.1、レンジNo.1

ジ毎に異なっていた。また、オハイオ川添いの部分のタウンシップは、東あるいは南を河道としていたので、不整形な断片となっていた。

例えばタウンシップ一レンジ一は、完全な区画一つと、不完全な区画四つからなっていた。一般的に各区画（セクション）には、タウンシップごとに一から三六の番号が付され、各タウンシップの東南の隅が一、そこから北へ六まで進み、一の西隣が七で再び北へ一二までという形で西北隅が三六であった。したがって、タウンシップ一レンジ一は、図Ⅱ-3のように二九、三〇、三四、三五の各区画の断片と、ほぼ一マイル四方の区画の三六からなっていた。

さらに各タウンシップにおいて、八、一一、二六、二九の四つの区画を連邦保留地とし、区画一六を学校用地とした。つまり各タウンシップとも、中央付近に学校区画、四隅の中央よりに連邦保留地の区画という構想であったことになる。この構想の様子は地図にも表現された。連邦議会図書館所蔵の一七八五年の連邦公有地の地図には、オハイオ川とサイオートー川の間の六マイル四方のタウンシップのすべてにそれぞれ、連邦保留地などこれらの五つの区画が表現されている。

さて、セブンレンジズのレンジ一から四は一七八七年九月二一日から一〇月九日まで、一エーカーあたり一ドルの価格で、初めてニューヨークで売り出された。しかし売れ残りが多く、売却収入は結果的に一一万七千ドルほどであったのに対し、測量費用に一万五千ドルほどを要していた政府は大きく落胆した。

一方、ルーファス・パットナム将軍等に主導されたマサチューセッツのオハイオ会社は、一七八七年からセブンレンジズの土地購入に乗り出し、結局一エーカーあたり一二セント以下で入手したうえ、二六〇─六四〇エーカーの七種の土地として八〇〇人以上に販売した。なおオハイオ会社は一七九六年までにほとんどの事業を終了した。完全に事業から撤退したのは一八四九年であった。

## ●様々な土地計画単位

オハイオ会社はもともと、会社の購入地内に入植を希望する男性の誰に対しても、一〇〇エーカーの土地を提供するとしていた。これがそのままでは実施できず、転じて一七九二年、セブンレンジズの南西に接して一〇万エーカーの寄付区画が設定された。この土地計画単位では、基本的に一〇〇エーカー単位の区画が設定され、不完全なタウンシップとして、セブンレンジズ西南部の「オハイオ川基地」土地計画単位のレンジ八─一二に位置づけられた。

独立戦争に際して個人的に資産を提供したジョン・クリーブス・シムズは、その債権を土地に変えようとした。若干の問題を引き起こしたものの、セブンレンジズのずっと西方において一七八八年、西に流れを変えたオハイオ川の北側、大マイアミ川と小マイアミ川の間に一〇〇万エーカーの土地を購入した。シムズ購入地の測量責任者は、セブンレンジズの測量官であったイスラエル・ルードロウであった。ルードロウは、シムズ購入地の南部に東西基準線（ベースライン）、両マイアミ川中央に南北基準線を設定して、タウンシップの測量基準とした。しかしこの両基準線とも、レンジおよびタウンシップの境界線ではなかった。レンジは南端のオハイオ川から北側へ、まず断片レンジ一、断片レンジ二とし、そのさらに北側から改めてレンジ一を始め、最終的にシムズ購入地を超えてレンジ一五まで続いた。各タウンシップには、西境界の大マイアミ川から東へと番号が付された。つまり、レンジ番号の方向も、タウンシップ番号の方向もセブンレンジズとは全く別であった。さらに、三方が河川で画されて、四つ分のタウンシップ程度の東西幅であったことから、極めて不整形なタウンシップの断片が多い状況であった。さらに加えて、シムズの家が焼失したこともあって、測量記録が不十分であったといった不備もあり、全体として管理の良くない土地計画単位であった。

いっぽう一七八四年にすでに、バージニア州に割譲することが認められていた土地はバージニア陸軍恩給地と呼ばれ、オハイオ川支流のサイオートー川と小マイアミ川の間であった。シムズ購入地の東隣にあたる。バージニアはここに、兵士一人に一〇〇エーカー、将軍の三年間の就役に対して一五〇〇〇エーカーといった土地を与えたが、実際に区画設定が行われ始めたのは三年後、ほとんどは一七九〇年末以後であった。土地区画は、基本的に自然境界により、公有地管理事務所と地区測量官が担当した。不規則な土地区画である上に規模が様々であり、実質上ミーツアンドバウンズとほとんど同類の不規則な区画であった（図Ⅱ－4参照）。

このように、土地計画自体が一律ではないものの、少なくとも一マイル四方の方格の区画を基本とする土地区画が入植前に設定されていたところと、そうではなく不規則な区画が設定されたところが隣接して存在していた。一般入植者はオハイオ会社やシムズから購入することが多かったが、一エーカーあたり一ドルかそれ以上を必要とした。

連邦は財政上、引き続き土地売却を進める必要があった。一七九〇年に連邦議会下院は、当時の財務長官アレキサンダー・ハミルトンに新たな公有地払い下げ計画案を求めた。ハミルトンの計画案は、複数州を統括する上級公有地管理事務所を設置し、測量長官およびその代理を置いて土地売却を管理することや、内部はさまざまな規模の土地区画からなるが、一〇マイル四方のタウンシップを設定するというものであった。

この案は直ちには認められず、さまざまに検討が加えられた。数年の議論を経てタウンシップは六マイル四方と定まり、特別な理由のあるときには五マイル四方のタウンシップも設定し得るとしたが、ハミルトン案の一〇マイル四方は、かつてのジェファソン案の一〇地理マイル案同様、ついに採用されなかった。

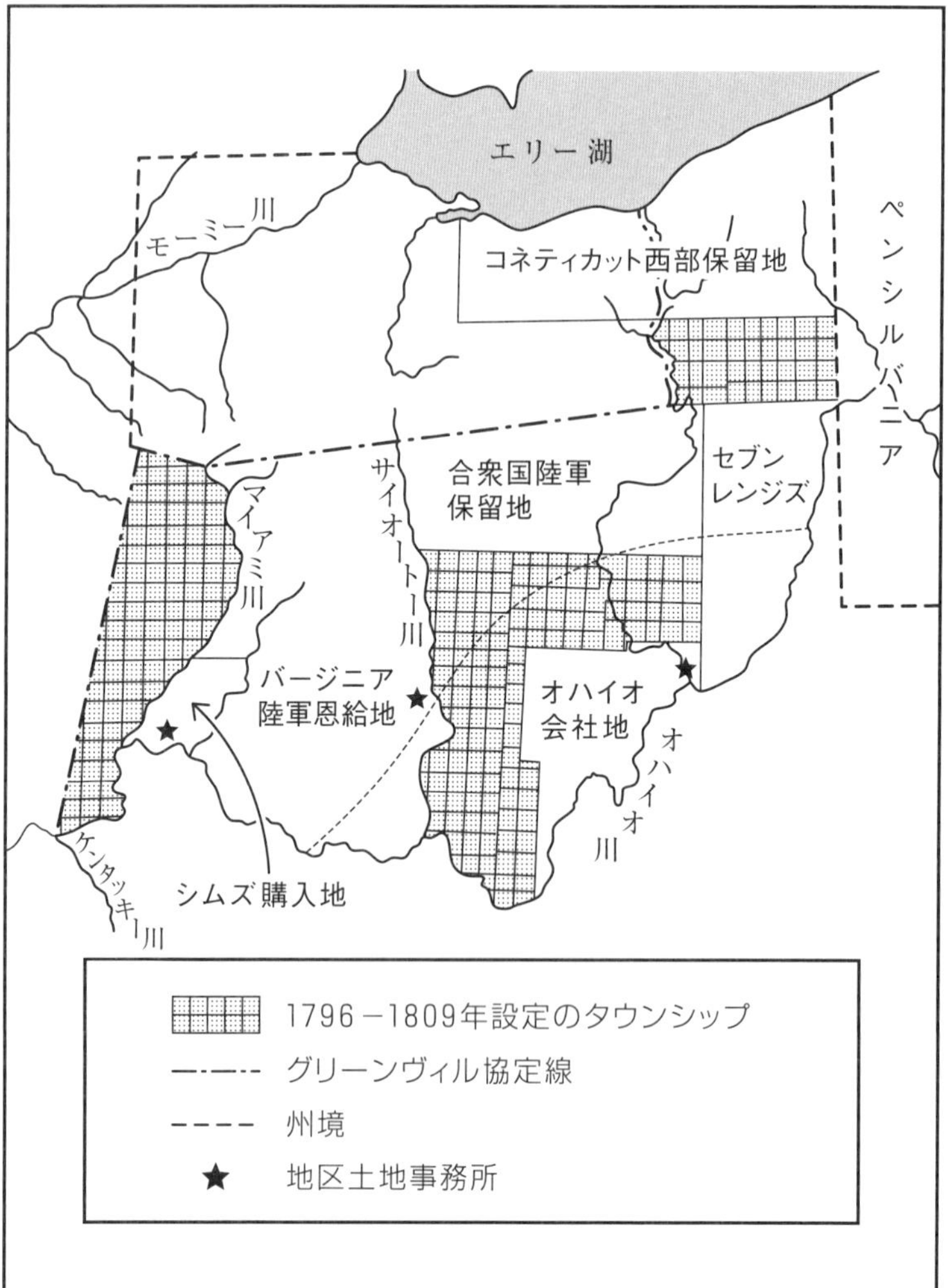


図Ⅱ－4　ウェスターンランドのさまざまな土地計画

## ●六マイル四方と五マイル四方のタウンシップ

ハミルトン案をめぐって始まった議論の結果、一七九六年五月一八日に成立した法律では、セブンレンジズやシムズ購入地などの中の未測量地のタウンシップを確定し、六マイル四方というタウンシップの名称や規模は変わらないものの、サイオートー川西岸の塩泉を保留地とすることや、各タウンシップの政府保留地を中央の、一五、一六、二一、二二の四セクションとすることなどを定めていた。また、測量長官、副長官の処遇とともに、測鎖チームの手当てを一マイル当たり少し上げて三ドル以下とすることなどにも言及していた。

これに加えて同年六月一日成立法によって、セブンレンジズ西側の合衆国陸軍保留地と呼ばれる土地計画単位を設定した。西端はサイオートー川、北はグリーンヴィル協定線であった。グリーンヴィル協定は、一七九四年における連邦軍ウェイン将軍による対インディアン戦争勝利後に設定されたもので、その境界線は緯線に添わず、東北東から西南西に向かう直線であった。

この法律で規定したのは、五マイル四方のタウンシップであり、六マイル四方を採用しなかった主な理由は三点ほどあった。第一に面積単位の規模であり、六マイル四方の計二三、〇四〇エーカーは、先に述べた退役軍人への恩給地の一〇〇エーカーないしそれを単位とする土地面積に適合せず、五マイル四方一六、〇〇〇エーカーの方が合理的だとするものであった。また先行法の規定では、塩泉の囲い込み面積としても区画面積が大きすぎるとするのであり、さらに五マイル四方を四等分して四〇〇〇エーカーの区画とすれば、その測量経費も安くあがるとされた。要するにここでまったく新たな方格の土地計画単位が出現することとなった。

## ●五マイル方格内部の不規則な土地区画

一七九六年には、コネティカット西部保留地の測量も始まった。同保留地は、北緯四一度とエリー湖岸との間、ペンシルバニアの西一二〇マイルまでの間に設定されていた。同州はすでに、独立戦争時に英軍によって家屋等を焼かれた被災者に五〇〇、〇〇〇エーカーの土地配分を約束していた。コネティカット保留地は結果的に、東から西へ一から二四のレンジ、北緯四一度線から北へ一から六ないし一四の五マイル四方のタウンシップとなった。ただしエリー湖岸のタウンシップが不整形であったのはもちろん、レンジ二〇から二四に別途設定されたファイアランズと呼ばれたタウンシップが不連続に続き、レンジ一九は東西幅の狭いタウンシップとなっていた。ファイアランズは四等分されて一から四の番号が付されたが、それ以外では、タウンシップの内部は多様な面積の長方形に区画された。

このような土地区画は、一七九七年に始まった合衆国陸軍保留地の土地計画にも共通点がある。ルーファス・パットナムは、すでにオハイオ会社の土地測量・分譲にかかわっていたが、一七九七年一一月五日の新法によって地理官に代わって設置された、新設の測量長官に就任した。新たに事務所を開設し、セブンレンジズの西、グリーンヴィル協定線の南に、やや不整合な区画を伴いつつも、五マイル四方のタウンシップを設定し、西から東へレンジを、南から北へタウンシップの番号を付した。各タウンシップの内部はしかし、一マイル四方のセクションを東西に二分し、三二〇エーカーの長方形からなる五〇区画とし、各セクションには一から二五の番号を、三二〇エーカーの各区画には一から五〇の番号を付した。つまり、五マイル四方という点と、内部の細分が、規則的ではあるが長方形という点に特徴があり、セブンレンジズや一七九六年五月法の規定とは異なっていた。このような様々な土地計画単位の併存の結果、現在のオハイオ州内の状況は、図Ⅱ－4のような多様な土地計画のモザイク状となった。

## ●六マイル四方への回帰

合衆国陸軍保留地で五マイル四方のタウンシップを設定し終えたパットナムは一七九八年、六人の測量官代理を新たに雇い、セブンレンジズの北方、セブンレンジの中央部西方、シムズ購入地の北方などの測量を開始した。その際に注意したのは、緯線だけでなく経線（メリディアン）の正確な測量であった。ところが、タウンシップの境界画定に、一マイルあたり三ドルという測量経費の上限が定められており、五マイル四方のタウンシップの設定を断念し、六マイル四方のタウンシップとした。また、各タウンシップ内部の一マイル四方のセクション設定が経費と日程の面で困難な場合、二マイルごとの区画線の設定のみとすることとした。

六マイル四方のタウンシップへの回帰の最大理由が測量経費の制約であったとは驚きであるが、当時は測量法ならびに測量技術とともに測量経費が重要な課題であったことからすれば、異とするには当たらない。これはいっぽう、セブンレンジズやシムズ購入地の土地計画との一定の整合性を確保することには結びついた。不十分ながらも緯度経度の正確な測量を心掛けたことに加え、ペンシルバニアの西境界線を基準とした結果、セブンレンジの北方はじめ、多くの場合、レンジの範囲や番号が延長された。とはいえ、どうしても不整合は残り、またタウンシップの番号はかなり不統一であって、規則性にも欠けていた。現オハイオ州内における多様な土地区画の展開はこのような試行錯誤のプロセスの結果といえよう。

## 2　統一的タウンシップシステム

### ●一九世紀初めの修正

一八〇〇年には、相次いで成立した三つの法律によって、それまでの問題点を中心に再検討され、若干の修正が行われた。すでに測量された現地の測量標識設置の不十分な点の補足とか、オリジナルおよび複製の計三枚の地籍図（プラッツ）作製と、それらを測量長官、測量官事務所、ワシントンなど計三か所で保管する義務などである。これらは従来のシステムで実施が不十分であった点の補足ないし再確認といってよい。比較的大きな修正は、土地販売事務所に加えて、土地代金受け取りの収入官事務所が別に設置されたことと、正方形のセクションを二分割した南北に長い長方形の、三二〇エーカーの土地区画が正式に設定され始めたことである。

その後も補足や修正のための測量が行われたが、先に述べたように測量記録が不十分であったシムズ購入地と、その周辺での測量作業とそのための関連立法が多かった。シムズ自身が、一〇〇万エーカーもの購入権を得ていながら、十分な支払能力がなかったことも問題の背景にあった。セブンレンジズ内においても、ニューヨークで販売された土地区画の書類と現地の実際の土地区画との齟齬の調整を必要とする部分があった。立法には、これらの事務作業を主導する事務官採用のための予算を計上する法律も含まれていた。このころには、ヨーロッパからワシントンに復帰したジェファソンが、規則的な土地計画推進のための一連の政策決定にかかわっていたことも想起しておきたい。

一八〇三年にはオハイオ州が成立したが、このころから測量と土地区画設定の範囲は西にも南にも広がり始めた。同年三月にはまずミシシッピ・テリトリー南部に土地分譲を認める法律が成立した。次いで同年七月、ジャレド・マンスフィールドがパットナムの後をついで測量長官に任命された。マンスフィールドはウェストポイントの陸軍学校において数学の教授代理を務めていた。つまり政府は明らかに彼の数学や天文学の知識を活用しようとしていた。さらに一八〇四年三月、測量長官の権限の及ぶ範囲をそれまでのオハイオとミシシッピ・テリトリーに加え、オハイオ川北部全域、ミシシッピ川の東部一帯に拡大した。同法ではさらに、タウンシップ内のセクション一六を学校保留地、三セクション分の区画を塩泉その他のための保留地とすることを定めていた。一七九六年にいったんはタウンシップ中央の四つのセクションをまとめて保留地とすることとした規定を、後者は再び変更したことになる。

オハイオ州内ですでに設定されていたタウンシップでも、内部のセクションが未設定であったものについて、適当な単位（二五―三六のタウンシップ）で測量地区を設定し、そこに地区測量官を任命して内部の測量実施にあたらせた。その際、各セクションを四等分して一六〇エーカーの区画をつくったり、連邦陸軍保留地の五マイル四方のタウンシップを四等分したりするなど、測量と販売の便宜のためではあるが、後に一般化する四分の一（クオーター）という単位が多出することともなった。

## ●ベースラインとプリンシパル・メリディアンの設定—マンスフィールド

パットナムが測量長官であった時代、後のオハイオとインディアナの境界線となった経線の正しい測量が意図されていたものの、真北の析出が不十分で実際には西に一度傾いていた。また、マンスフィールドが測量長官に任命される少し前、南テネシーの測量官に任命されていたアイザック・ブリッグスは、連邦とスペイン領フロリダの東西の境界線であったエリオット線から北へ測量をし、その経線を「基礎経線」とする提案をしていた。しかしその後、測量と経線確定作業は進展しないままであった。

マンスフィールドは測量長官就任後、期待通りの能力を発揮した。まずインディアナにおいて、正確な測量に基づく正しい経線と緯線を析出して二番目となる主経線（第二プリンシパル・メリディアン）と東西の基線（ベースライン）とすることを企図し、その設定を配下の測量官に指示して実施した。その主目的はインディアナ西部におけるヴィンセンズ地区の測量と区画設定であった。この測量は正確であり、確定された主経線と基線を基準に六マイル四方のタウンシップを設定した。さらに、主経線と基線の交点から北と南の両方へ順にタウンシップの番号を付し、同様に西と東に向けて順にレンジの番号を付した。

マンスフィールドのこの新しい方式は当時の財務長官アルバート・ギャラティンにも正式に承認され、一八〇四年一一月には第三主経線の測量が指示された。マンスフィールドは翌年に測量作業を開始した。彼はイリノイ・テリトリーに第三主経線を設定し、インディアナの基線を西方のミシシッピ川まで延長しようとした。この作業は、対象地域に先住のインディアンの土地が多くてすぐには進まなかったが、マンスフィールドの方式は連邦の新テリトリー（多くが後に州となった）測量の基本となった。一八〇六年からの新法の下で、マンスフィールドは新テリトリーに主任測量官代理を任命し、前任のパットナム前長官との連携も図り、また主任測量官代理の下に地区測量官を任命してこの実務にあたらせた。

いくつかの問題は発生したものの、各地でこの作業は進んだ。またこの間に、マンスフィールド測量長官自身の指示で設定された市街予定地の宅地および街路計画が実施された。イリノイ・テリトリーのショーニータウンであり、セクション二つ分以下の面積の市街予定地が、一区画当たり四分の一エーカーを超えない宅地に細分され、各宅地の最低価格が八ドルとされた。これは一八一〇年のことであり、これ以後、連邦が市街地用地の設定と販売も手掛けるようになった。

その一方、ルイジアナ・テリトリーなどの川沿いの地域で、六マイル四方のタウンシップ内であっても、ウォーターフロントに短辺を接した、フランス型（次章で説明）の長大な土地区画の設定も行われた。またフランス式の長大な区画だけではなく、タウンシップ内部でのミーツアンドバウンズ型の不規則な土地区画が混在していた場合もあって、区画番号が著しく混乱していた場合もあった。

## ●新しい公有地管理総局―ティフィンとメイグス

一八一二年四月には、公有地管理総局とその局長が新たに設置された。同年五月、局長に就任したのはエドワード・ティフィンであった。ティフィンはフィラデルフィアで医師としてスタートしたが、オハイオに転じてそこでテリトリーの立法議会議員を務めた後、新設オハイオ州の初代知事に選ばれ、その後医師にもどっていた。局長に就任したティフィンは、まず新設局の新しい組織作りをしなければならなかった。また、それまで各所に拡散して未整理状態にあった土地関係記録、権利書、地籍図、支払記録、土地申請書などを整理した。

この年には、マンスフィールドが測量長官の任を終えてウェストポイント陸軍学校に復帰したことも記憶しておきたい。彼は、主経線と基線を基準とするタウンシップシステムの構築に重要な役割を果たしたことになる。

マンスフィールドの後任の測量長官は、ジョサイア・メイグスであり、現在のオハイオからミシシッピ西岸のミズーリにかけての五州が担当であった。彼はコネティカット出身ですでにジェファソンや連邦のための仕事をしており、数学と自然哲学の教授であった。しかし、測量長官の任務を的確に理解しないままで就任したこともあり、引継ぎが十分でなかったなどの事情も加わって事業進行に問題があった。メイグスとティフィンはこの点を協議し、両者が合意したうえで財務長官の同意を得て、一八一四年に双方のポストを入れ替わった。測量長官に転じたティフィンは、その後一四年以上もそのポストにとどまり、統一的なタウンシップシステムの展開に尽力した。例えば就任の翌年、ミシガンにマンスフィールド時代からの主経線を延長し、イリノイでも第三主経線と基線を設定してマンスフィールドの方式でタウンシップを設定した。

ティフィンは配下の主任測量官代理への訓令において、担当の「土地を、真南北に走る経線とそれと直交する東西線によって、レンジと六マイル四方のタウンシップに区分し」、「添付に示されているように番号を付す」ように指示した。また主任測量官代理配下の測量官に土地計画単位の全体図と訓令の写しを装備させることも指示していた。タウンシップシステムはここに一応の完成の段階に至ったといえよう。

土地計画全体としてはその後も微調整ないし大幅な改定が行われた。一八一七年には、タウンシップ内に分散する保留地について、四分の一または八分の一セクションの単位で売却することが認められた。一八二〇年にはすべての公有地を、八分の一セクションの単位、つまり八〇エーカー単位で販売することが認められ、また販売値段もそれまでの一エーカーあたり二ドルから、一・二五ドルに値下げされた。同年には改めて、財務長官が公有地管理総局長メイグスを通じて測量長官に指示し、八〇エーカーの区画を地籍図に記載することとなった。ティフィンはさらに具体的に、一六〇エーカー以下の区画をそれ以上細分してはいけないこと、水面沿いのウォーターフロントを含む区画のあり方等を定めて配下の測量官に指示した。

一八二九年に至り、健康を害したティフィンは辞任することとなってウィリアム・リトルが後任となった。すでにマンスフィールドが亡くなっていたので、これでタウンシップシステムの確立と実施に大きく貢献したマンスフィールドとティフィンという、二人の測量長官が現場から去ったことになる。

## ●先買権法と自営農地法

一八三〇年代には、ウィスコンシン、アイオワ、ミネソタなどの丘陵性の地域にも測量の範囲は広がり、一八六〇年までに完了した。この間、一八五〇年にはカリフォルニア、オレゴン、ワシントンなどの大陸西端の地域でも測量が始まるなど、太平洋岸にまでタウンシップシステムが及び始めた。このようにして成立したのが、図Ⅱ-5のようなほぼ州単位の主経線と基線である。もちろんその交点を基準としてマンスフィールド方式のタウンシップが設定された。

一般に公有地測量と呼ばれて実施された一連の土地計画によって、図Ⅱ－5のようにアメリカ合衆国全体に三一の主経線が設定され、タウンシップシステムが三〇州をカバーするに至っている。

　この間、一八四一年に先買権法が成立した。小規模自作農の入植・定着を進めるために、アメリカに帰化するつもりの二一歳以上（未亡人・独身者を含む）の人物が、販売予定の土地に一四か月以上の居住実績（この段階では不法占拠）があれば、その土地を先行して購入できるとした。

　一八六二年には、小規模自作農を増加させる方向をさらに加速する、自営農地法（ホームステッド法）が成立した。条件は先買権法よりさらに緩和され、一六〇エー

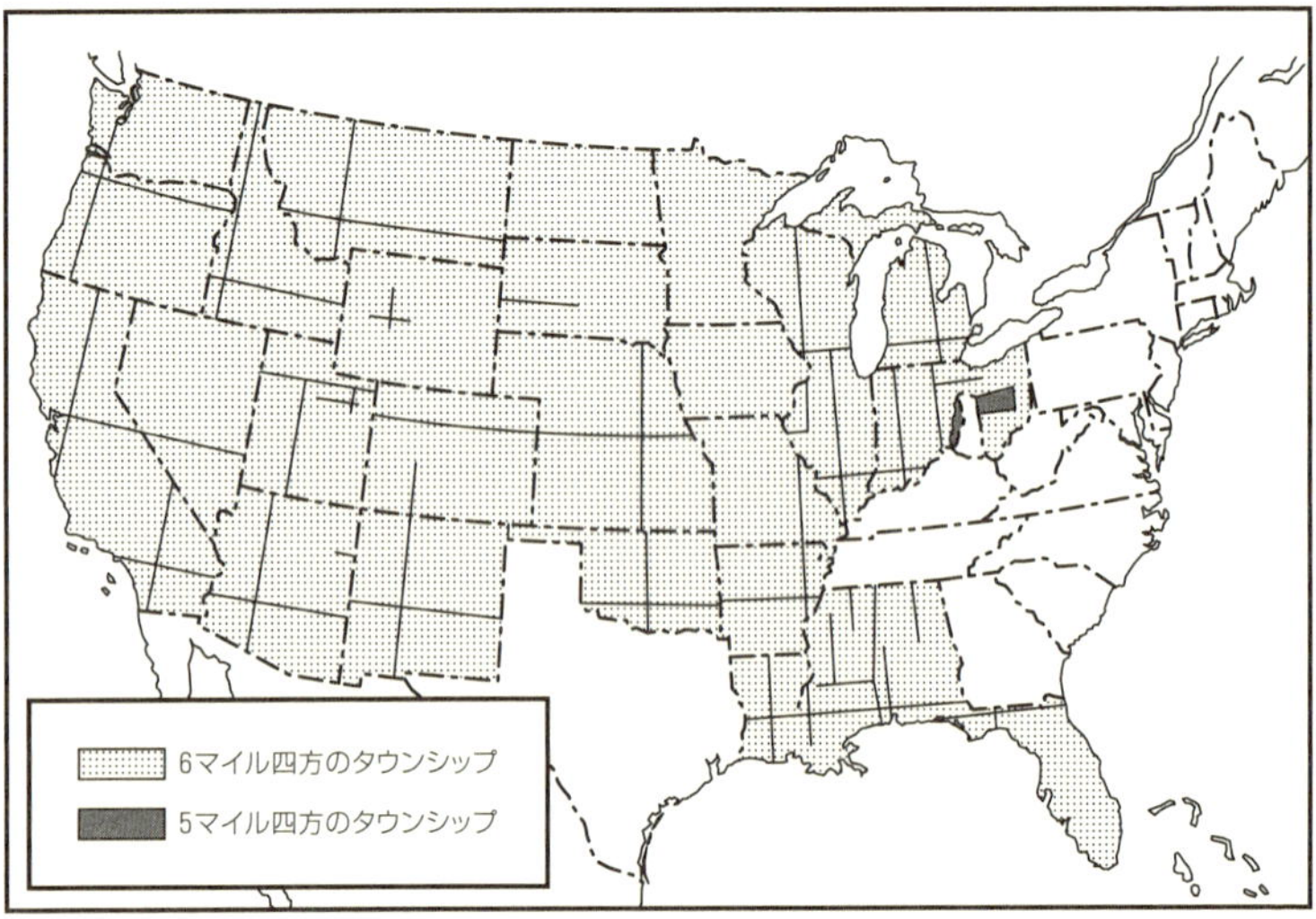


図Ⅱ－5　アメリカ合衆国のプリンシパルメリディアンとベースライン

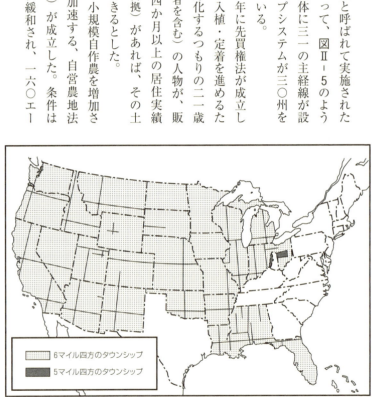

カーを入植者に無償で払い下げるとするものであった。条件は、二一歳以上であること、入植した「未開発地」に一五平方メートルほど以上の家を建てること、五年間以上の農業の実績を必要とすること、のみであった。この小規模自作農のモデルは英国で新興の、ヨーマンと呼ばれた小規模自作農層であり、測量と区画設定の進展に加え、このような先買権法と自営農地法が入植者を増加させることとなった。これにより、十分な資金がなくても多くの人々が、文字通り新天地を求めて西に向かったのである。

## ●フロンティアの西進

すでに述べてきたように、英領植民地はアメリカ大西洋岸に設置された。一三植民地となっていた段階で、先に述べたような経緯を経てイギリスから独立した。独立とともに測量と入植はウエスターンランド（ほぼオハイオ）にまず及び、この段階で様々な土地計画が試みられ、その過程を経て、タウンシップシステムの原型が成立した。ついでフロンティアはオハイオ内部での未測量地と、オハイオより西方と南方のテリトリーへ向かった。この過程で南北の主経線と東西の基線を基本とするタウンシップシステムが確立した。フロンティアはその後、さらに西方へと拡大し、ついに太平洋岸に及んだ。

この過程をフレデリック・ターナーは、アメリカ史におけるもっとも重要なものととらえ、有名なフロンティア論として提示した。一八九三年に「アメリカ史におけるフロンティアの意義」として発表された論文は、大きな反響を呼んだ。ターナーのフロンティア論に対しては、土地投機の側面を組み込んでいないなどの批判も得たが、フロンティアの西進自体は非常に大きな流れであったことは紛れもない。この動向は、後にハリウッドにおける映画産業の発展とともに、「西部劇」として一分野を形成した作品群の背景として広く知られている。古典的な「西部劇」の多くはこのフロンティアの過程にかかわる。個別テーマは多岐にわたるが、一九世紀までの設定の場合、人々がフロンティアの西進とともに入植地に向かう道程や開拓と定着の努力をする開拓農民、開拓農民と放牧業者との軋轢、彼らと先住のインディアンとの軋轢や闘争など、本書で辿ってきた土地計画と測量の進展の背景やその過程、またその結果としての入植者の増加と直接かかわることが多い。このほかゴールドラッシュや、少し後の時期の設定では鉄道建設などといった、鉱工業経済の波及と農牧業社会との利害衝突などが背景となったものも多いが、それらは本書のテーマの土地区画そのものからは離れる。

## ●タウンシップシステムの系譜

タウンシップシステムの施行ないし成立過程で、南部中心の大農場志向と、北部での入植思想の基本にあった小規模自作農志向の対立があったことはすでに述べた。様々な土地計画が施行されたオハイオでも当初から、この二つの系譜の土地計画が併存していた。前者の系譜にふくまれるのが、バージニア陸軍保留地のようなミーツアンドバウンズを基本とした、不規則な土地区画群からなる土地計画単位であり、後者の系譜に含まれるのが、セブンレンジズのような明らかにタウンシップシステムの試行形態といえるものである。

一八六二年の自営農地法についても大農場志向派は、小規模自作農が増加すると大規模農場に雇用される労働者が得られなくなるという危惧を持っており、この法案に反対であった。つまりタウンシップシステムの展開を前提に施行された自営農地法は、基本的にイングランドやニューイングランド型の小規模自作農を志向するものであった。しかもタウンシップという六マイル四方の土地区画の名称も同様にイングランドやニューイングランドの系譜をひく用語であった。

ところが先に述べたように本来イングランドでは、タウンシップは共有地を含む農村であり、その共同体そのものでもあった。ニューイングランドでの入植もこれを志向するものであり、当初タウンシップは共同体の入植予定地であり、入植地の共同体であるタウンの領域であった。ニューイングランドのタウンシップには、図I-6（二三ページ）のように、中央に集落が形成され、共同体としての機能を持ったものもあった。ただし入植予定地としてのタウンシップではあっても、しばしばタウンそのものの意味と混用されていた。また、イングランドでのタウンシップが行政機能を担う単位としての性格を強める流れを受けて、ニューヨークのようにタウンシップが植民地の当初から行政機能を有していた場合もあった。タウンシップの名称が現在でも何等かの地域単位として使用されているのは、ペンシルバニア・デラウェア以北の大西洋岸諸州であり、ノースカロライナとサウスカロライナもこの類型に含まれる。

いっぽう統一的なタウンシップシステムは、入植予定地を統一的に測量し、販売用の土地区画を形成するための方式であった。従ってウェスターンランドはもちろん、それより西の新設州においてもタウンシップは土地区画の単位に過ぎなかった。タウンシップ内部に学校や教会、さらには将来の目的に使用するための保留地などが確保された場合も、いったんはそれらの区画を中央にまとめることになったこともあったが、間もなくそれらは分散することとなった。つまり、それらの保留地が将来の集落に結びつく可能性は、短期のうちに消滅したのである。オハイオ州以西の統一的タウンシップシステムが展開した州では、タウンシップは基本的にこのような土地区画の単位であり、センサスの単位として使用されることはあっても、それ以上の実質的な地域単位ではない。

このようなタウンシップの名称は明らかにイングランドに起源があり、英領大西洋岸の中部や北東部植民地で一般化した呼称である。一方、土地区画としての方形方格の方は、直接的にはジェファソンの規則的な土地区画案に由来するといってよい。ただし、その萌芽はイングランドではなくニューイングランドにあり、またジェファソン案には、名称、面積単位等かなりの修正が加わった。

要するにタウンシップは、土地測量と土地区画設定の呼称や単位としての規則性を強めるとともに、共同体ないし行政体としての側面を失い、六マイル四方の土地区画の単位として、その内部の一マイル四方の土地区画とともに、規則性を強めつつ一般化し、展開したことになる。

# Ⅲ

# カナダの領主制とタウンシップの土地区画

ケベックの都市と河港

## 1　ロウワーカナダ属州

### ●ニューフランス

一五三四年、時のフランス王フランソワI世の命によって、ジャック・カルティエがカナダ大西洋岸にそそぐセントローレンス川の探検をした。これが今日に結びつく、フランスによるカナダ進出の始まりといわれる。

一六〇三年にはサミュエル・ド・シャンプランが本格的に入植し、数年の間にポートロワイヤルとケベックの基礎を作った。前者がアルカディアの首都、後者がニューフランスの首都となった。一七世紀の北米大陸において、ニューフランスが、ニューイングランドやニューオランダと鼎立していたことは先に述べた。

ニューフランスはセントローレンス川流域から領域を拡大した。最大領域は、東のニューファンドランドから西のロッキー山地に及び、また北のハドソン湾岸から南のメキシコ湾岸に達した。ただし一七一三年のユトレヒト条約でノバスコシアが英領となり、さらに一七六三年、アメリカにおける英仏の七年戦争終結のパリ条約によって、ニューフランスの大半が英領となったことはすでに述べた。その結果成立した英国のケベック属州（プロビンス）は、一七九一年まで続いた。

その間英国によって、一七七四年にケベック法が制定された。同法が設定したケベック属州の領域が、対立を深めていた英領アメリカ東部一三植民地のウェスターンランド権益と衝突し、アメリカ独立戦争の重要な背景となったことも先に述べたところである。

一七九一年には英国において新しい法律が制定された。それによって、ケベック属州を二分割し、ニューフランス以来フランス人の多い東部のロウワーカナダ属州をフランス語圏、イギリス系の多い西部のアッパーカナダ属州を英語圏とした。ロウワーカナダは今日のケベック州以東、アッパーカナダは今日のオンタリオ州南部に相当する。この措置は、フランス人の多い旧フランス領を、英国領として円滑に統治することを目指すものであったことは言うまでもない。

## ●ニューフランスの領主制

ニューフランスの土地制度の説明に入る前に、当時におけるフランスの領主制の状況に触れておきたい。

一七世紀初頭には、フランスの封建領主制はすでに時代遅れになっていた。しかし軍事力はすでに国家のもとに集中されていたものの、領主制そのものと領主の家臣団は旧態を保持し、領主の特権と富を擁護していた。このフランス封建領主制の原則の下では、領主のいない土地はないのであって、ニューフランスも当初からその原則の下にあった。一六世紀末にはいち早く、ロッシュ侯爵が新大陸での交易と入植計画の承認を得ていたし、一六二三年にはモンテランシー公爵がニューフランス総督となった。さらに一六二七年には、百人の社員からなるニューフランス会社が、北極圏からフロリダ、大西洋からスペリオル湖にかけての北アメリカ東部の大半における領有権の認可を得た。同社はその範囲での領主希望者による分割領有を期待して、フランス領主制の移転を目指した。ただ会社は当初、所有権を分与する土地の面積や形状についての統一的方針がなく、初期の分与地の位置や形状はさまざまであった。しかし一〇年ほどすると、川に面している部分（ウオーターフロント）の重要性を認識するようになったとみられる。

## ●セイニャリー（領有地）

ニューフランス会社の下での実際の入植対象地の中心は、セントローレンス川の沿岸にあった。ただ、西北岸がカナダ（ローレンシア）楯状地、東南岸がアパラチア高地に挟まれており、農地開拓は河岸から二―三〇マイルほどのなだらかな傾斜地に限られていた。しかも開拓は期待通りには進まなかった。フランス国王ルイ一四世は一六六三年に、未開拓の土地があれば六か月以内に王領に戻すこととし、また開拓を進めるために領有地（セイニャリー）の上限面積の縮小を図った。一六七二年には五、〇〇〇アルパン（約四、二五〇エーカー）を上限とした。

フランス国王の初代カナダ監督官ジャン・タロンは同年、四〇〇アルパン（約三四〇エーカー）

以上の領有者に対し、開拓済の面積、入植者数、家畜頭数を報告するよう指示した。国王の方針を具体化するためであった。同年にタロンが認可した領有地は、セントローレンス川沿いに幅一―二リーグ（一リーグは約三マイル）奥行二―三リーグのものが多かった。タロン離任後の領有認可地はタロンの時代に比べ、セントローレンス川の支流沿いに多くなり、また面積も大きなものが多くなった。

## ●セイニャリーの細分化

ニューフランス時代にはこのような領有地が、結果として二五〇ほど出来上がった。領主は多くの場合カソリックの一般信者であったが、ニューフランス会社は一方で「新世界」における神への知識の拡大も担っていたこともあり、セイニャリーの中には教会が領主のものも存在していた。会社自体が教会に対して、約二〇ヶ所の教会領を寄進してもいた。教会領の場合、フランスから管理担当の司祭が派遣されてきた。管理担当司祭が教会領の経営継続を断念すべきとしたときには、その教会領は新たな領主によるセイニャリー設定用地へと戻された。

一般信者が領主のセイニャリーにあっても、本来領主権は母国から付与されるものであったものの、販売、交換やその一部の寄進が可能であった。また領主没後には単純に相続されず、相続権者に分割されることが多く、競売に付せられることもあった。つまりセイニャリーは、土地領有の単位としては永続的なものではなかった。

一七六〇年に総数約二五〇に達したセイニャリーであったが、このような経過を反映し、結果的に領主はその何倍もの人数であった。リチャード・ハリスは、一八世紀前半における、相続、分与、売買などによる土地所有の細分化の過程を紹介している。その結果として、セントローレンス川に短辺を向けた長大な所有単位が出現していた。

## ●方形の土地区画案

ニューフランス会社が、土地領有権分与についての定まった方針がなかった状況はすでに述べた。会社はまた、入植者の居住や開拓についても同様に定まった方針を有していなかった。

フランス本国で国王やその周辺が、開拓の進行が遅いことに対する対策として、領有面積の上限、未開地の接収などを定め、また植民地監督官を新設したりしたことも述べた。

初代のこの監督官を命ぜられたタロンは、興味深い計画案を有していたことがハリスによって報告されている。赴任してすぐの一六六六年末までに複数のイエズス会士から集落計画案を得て、彼が適当と判断した案を本国に報告していたのである。それは、四〇アルパン四方（一辺約二三三二メートル四方、約一三六〇エーカー）の集落域を設定して中央に共有地を設け、住民各戸に共有地に接した四〇アルパン（約三四エーカー）の土地を与えるとするものであった。つまり、三九戸分の農地と共有地からなる、方形の入植・集落計画案である。しかし土地についての許認可権を有するのは国王であり、タロンは側近官僚に過ぎず、この案の実施には新たな買収などによって共有地を取得せざるを得ないことから、これは机上の空論のままで終わった。机上案に過ぎなかったとはいえ、これが同時期にニューイングランドで進行していた方形のタウン建設予定地の方向性と大きく離れたものではなかったことは興味深い。さらに、先に説明したホームズ作製のフィラデルフィア周辺図（図I-9・四五ページ）には、まさしくこの案を図示したかのような形状のタウンシップが東辺に二か所描かれていたことも想起される。

## ●フランス式の長大な土地区画

しかしニューフランスでの実態は、セイニャリー自体が川沿いに短辺を接した奥行の長い領地に細分されていった過程であった。これがしばしばフランス式ないしフランス風と称される地割形態であった。

それぞれのセイニャリーは本来、ほとんどが領主による直接経営ではなかった。もともと領主は入植者を導入し、彼らを統割して税を徴収した。入植者は川沿い（場合によっては背後の道路沿い）に居住し、その背後の農地を耕作するのがふつうであった。この場合も川沿いに短辺を接した奥行の長い地割形態に結びつく。この実態が、セイニャリーの細分にも個別の農地の形状にも、その背景にあった原理であろう。

この状況は結果的に川沿いに列状に点在する集落形態となるが、一七四五年のフランス本国の規定では、これを禁止しないまでもこれを促進するものではなかった。一方で、タロンの計画案やそれに類似した、集村を計画する案には、共有地や集村の用地取得が必要なところから、それに着手する領主も監督官も存在しなかった。つまりなし崩し的に、川沿いに短辺を接した長大な地筆と、列状に点在する村落が形成されたことになる。ハリスの整理によれば、地筆はほぼ四〇—二〇〇平方アルパンであり、しかもそのほとんどが、面積一二〇平方アルパン（約一〇二エーカー）ないしそれ以下であっ

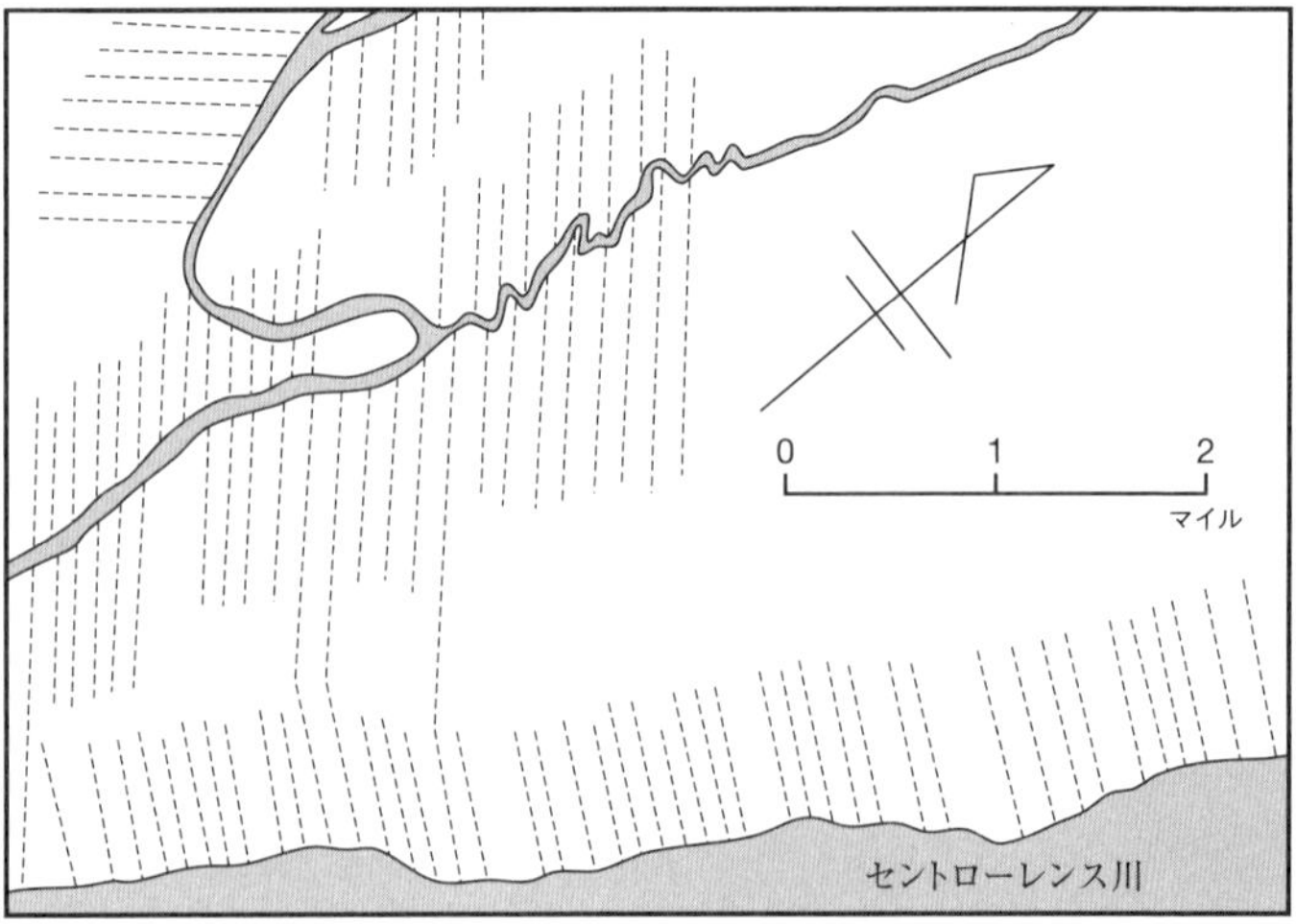


図Ⅲ-1　フランス式の長大な土地区画例
（ニューフランス時代、コールによる）

たという。これらが図Ⅲ-1のように、川沿いに短辺を接していた。これがフランス風ないしフランス式と認識されている土地区画の実態であったことになる。

## ●列状散村と中心集落

それぞれのセイニャリー内には、一五〇─三〇〇人の庶民が、四─八の列状散村または小集落をつくって住むのが一般的であった。彼らの農地はそれぞれの住宅の背後に細長く伸びていた。ハリスはその例を、いくつか詳しく紹介している。その中には、ニューフランス時代末の一七六〇─六二年に、セントローレンス川北西岸の約二マイルにわたって、二つの村の計八〇戸ほどが散在していた例がある。単純平均すると約四〇メートルの間隔で川沿いに農家が点在していたことになる。この中には二つの教会も含まれていた。

このような列状散村においても、教会領はもちろんのこと、一般信者の領地であっても、セイニャリーごとに教会が設置され、共同利用の水車場などの施設とともに、セイニャリー内での中核的機能を果たした。教会や領主の居館のあるところには、居住者が増えて集村ないし小さな町が形成された場合もあった。領主の膝元は、少なくともセイニャリーの中心としての機能を果たしていた場合が多かった。

## ●英国ケベック属州の初期タウンシップ

一七六三年のパリ条約で英領となった旧ニューフランスにも、まもなくイギリス風の土地計画が導入された。具体的には、「便利なる規模と広がりのタウンシップ」を設定するのが本国からの訓令であった。

早くも一七六四年には、セントローレンス川河口南方のプリンス・エドワード島（当初の名称はセント・ジョン島）に六七のタウンシップが設定された。島の総面積は約五、六六〇平方キロメートルであるから、平均八四、五平方キロメートルとなり、面積としてはアメリカにおける、六マイル四方のタウンシップの九二、二平方キロメートルに近い。

一七七五年の地図では、東西方向に長い楕円形の島を東からキングズ郡、クイーンズ郡、プリンス郡に三分し、それぞれに三、五、五のパリッシュを設定し、さらに各パリッシュに四―五のタウンシップを設定したものであった。ただし、ロットと呼ばれた一筆の土地区画は、島を横断する長大な形状をはじめとする多様な形状のものであり、それを反映してタウンシップもまた不規則な長方形であった。

## ●イースターンタウンシップ

ケベック属州からロウワーカナダとして再発足して程ない一七九二年から、セントローレンス川南東岸に測量区画としてタウンシップが設定された。セイニャリー時代の土地区画を踏襲したままで領域単位として設定されたもので、現在でもイースターンタウンシップと称されて区画が継承されている。このタウンシップにはそれぞれ固有名詞が付され、現在でも九一の歴史的タウンシップとして伝えられている。ただし、これらの領域あるいは境界は自治体設定の際の基準とはなっているものの、その取り扱いにはパリッシュや集落などとまったく区別がない。つまり、アメリカで展開した規則的な方形の測量単位とは異なったものであった。なお、今日ケベック一帯では、タウンシップはカントンと呼ばれている。

## 2　アッパーカナダ属州

### ●ロイヤルタウンシップ

一七八三年ころにまで、独立したアメリカから多くのロイヤリスト（王党派の人々）がケベック属州にやってきた。その人々の入植のために設定されたのがロイヤルタウンシップと呼ばれる土地区画であった。これはイースターンタウンシップと異なり、ほぼ方形の領域を持っていた。とはいっても、ニューイングランドにおける、規則的方形への方向性を示した段階のタウンシップ、とでもいえる萌芽的な位置と形状であった。

ロイヤルタウンシップは、図Ⅲ－2上図のように、いずれもセントローレンス川上流沿いに、二群に分かれて設定された。ニューフランス起源のセイニャリー群以西の部分と、後のキングストン以西の部分であった。前者は単にロイヤルタウンシップと呼ばれた九つの区画からなり、後者はカタラキタウンシップと呼ばれた五区画からなっていた。後者は間もなく八区画となった。これらの位置と形状を、先にニューイングランドのタウンシップの規則性を示し始めた初期の段階と表現したが、基本的に河岸に接して方位を一定しないという位置のみからすれば、やはり川沿いのセイニャリーの配置とむしろ共通する。

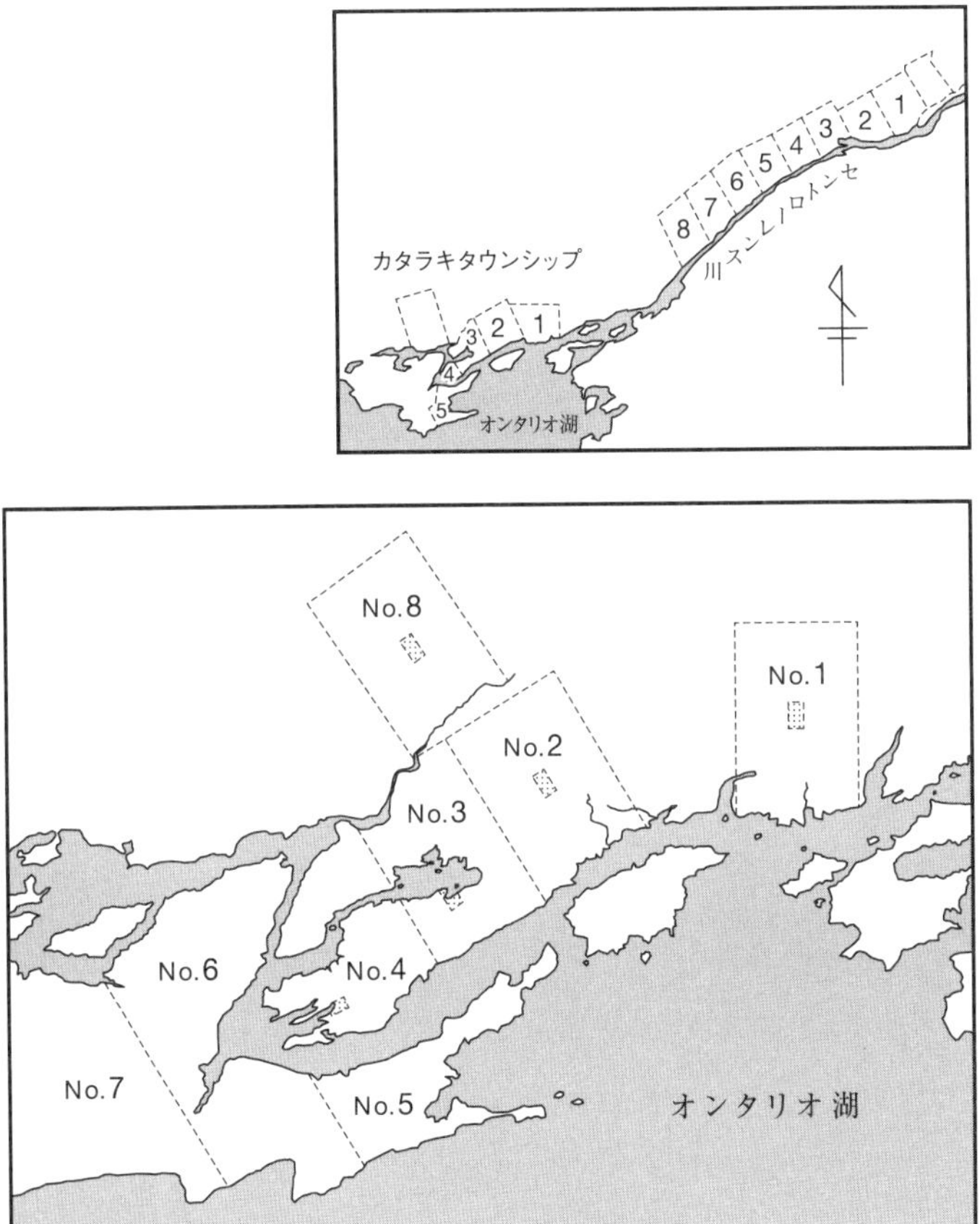


図Ⅲ－2　初期のロイヤルタウンシップ（上）とカタラキタウンシップと埋葬予定地（下）

さて、タウンシップについて一七六四年の訓令は「便利なる規模と広がり」としか規定していなかったことはすでに述べた。しかしロイヤルタウンシップ設定にあたって、ケベック総督フレデリック・ホーディマンドが、測量官代理ジョン・コリンズにあてた訓令には、「六マイル四方のタウンシップを設定し、一家族当たり一二〇エーカーを付与するのがよいと思う」としている。この一二〇エーカーには、六エーカー分がフロントに面している形を説明しているので、短辺六に対し長辺二〇の長方形の地筆を想定していたことになる。

一二〇エーカーという単位が、前述のセイニャリー内の平均地筆面積一二〇アルパン（約一〇二エーカー）と近似していることにも留意しておきたい。当時のカナダでは、そのくらいの農地が必要と考えられていたことが背景にあったとみられる。

さて、当初の一七八四年に入植したのは二〇〇〇人であり、軍の階級等によって面積は異なるものの、赤ん坊も含め、最低一人あたり五〇エーカーが付与された。各タウンシップには当初は番号のみが付された。下流側のロイヤルタウンシップには、番号のない東端を除いて西へ一番から八番、上流側のカタラキタウンシップには東端を一としてほぼ西へ一番から七番、そして支流ややや上流に八番であった。一七八八年にはこれらのタウンシップすべてに、入植者や王室の人々の名前が付けられた。下流側のロイヤルタウンシップ最東端は、最西端のセイニャリーの西側であり、ランカスターと名付けられた。上流側のカタラキタウンシップの一番はキングストンと名付けられ現在の同名の都市に至っている。

## ●ロイヤルタウンシップの特徴

当初は番号で表現されていたこれらのロイヤルタウンシップには、次のような特徴があった（図Ⅲ－2参照）。

第一に、各タウンシップには一辺約六―一〇マイルの方形が多いことである。例えばカタラキタウンシップ二番はアーネストタウン（アーネスタウン）と名付けられたが、本来一〇マイル前後の長方形であった。現在このタウンシップは、南のアムハースト島を含めた範囲として、ロイヤリストタウンシップと称されている。

第二に、カタラキタウンシップの四―七番が、地形に制約されて著しく不整形であったことである。つまり、方形の原則は必ずしも貫徹していなかったことになる。

第三には、タウンシップの中央ないしほぼ中央に埋葬用地が設定されていることである。集落用地ではなく墓地が準備されていたことに注目しておきたい。

## ●タウンシップ内の長地型土地区画

アッパーカナダのタウンシップ（図Ⅲ－4（一一二ページ）参照）には、この三点に加えてさらに大きな特徴があった。それはタウンシップ内の土地区画が、フランス風の長大な区画を彷彿とさせる形状であったことである。日本では、近畿地方などに多かった、短辺一〇、九メートル、長辺一〇九メートルの歴史的な水田一筆（面積一段＝三六〇坪＝約一、一八八平方メートル）の形状を長地型と称してきた。また同じく一段で、幅がこの二倍、長さが半分の地筆を半折型ないし短冊型と称してきた。この表現を適用すればカナダのタウンシップ内の土地区画は長地型に近い長方形であったと表現できる形状であった。

図Ⅲ－3は、まだケベック属州時代の一七九〇年における、メクレンブルク地区（一七九二年からはアッパーカナダのミッドランド地区となる）の各タウンシップ内の土地区画を表現した地図から、その一部を例示したものである。

図Ⅲ－3からははずれているが、キングストンタウンシップの場合、東西三、南北七（一部余分あり）に区画した上で、南北に長い長地型に近い形に区画している。同図内でも方形のタウンシップの場合は基本的に類似の形状であるが、カタラキタウンシップのオンタリオ湖岸や島ではまったく異なる。三番（フレデリック）、四番（アドルファス）のタウンシップでは、河岸ないし湖岸に短辺を接した、長い土地区画となっていたのである。これは総督の訓令で説明していた六×二〇の長方形の地筆よりも、むしろ先に述べたフランス風の長大なものに近い形状である。この傾向は、この図に例示した部分より西側では一層顕著である。

アッパーカナダとなるオンタリオ湖岸では、タウンシップはそれ自体の方形原理が不十分であっただけでなく、その内部の土地区画には、長地型や、フランス風の長大な地筆の影響を思わせる細長い形状が採用されていたことを確認しておきたい。河岸ないし湖岸における、フランス風

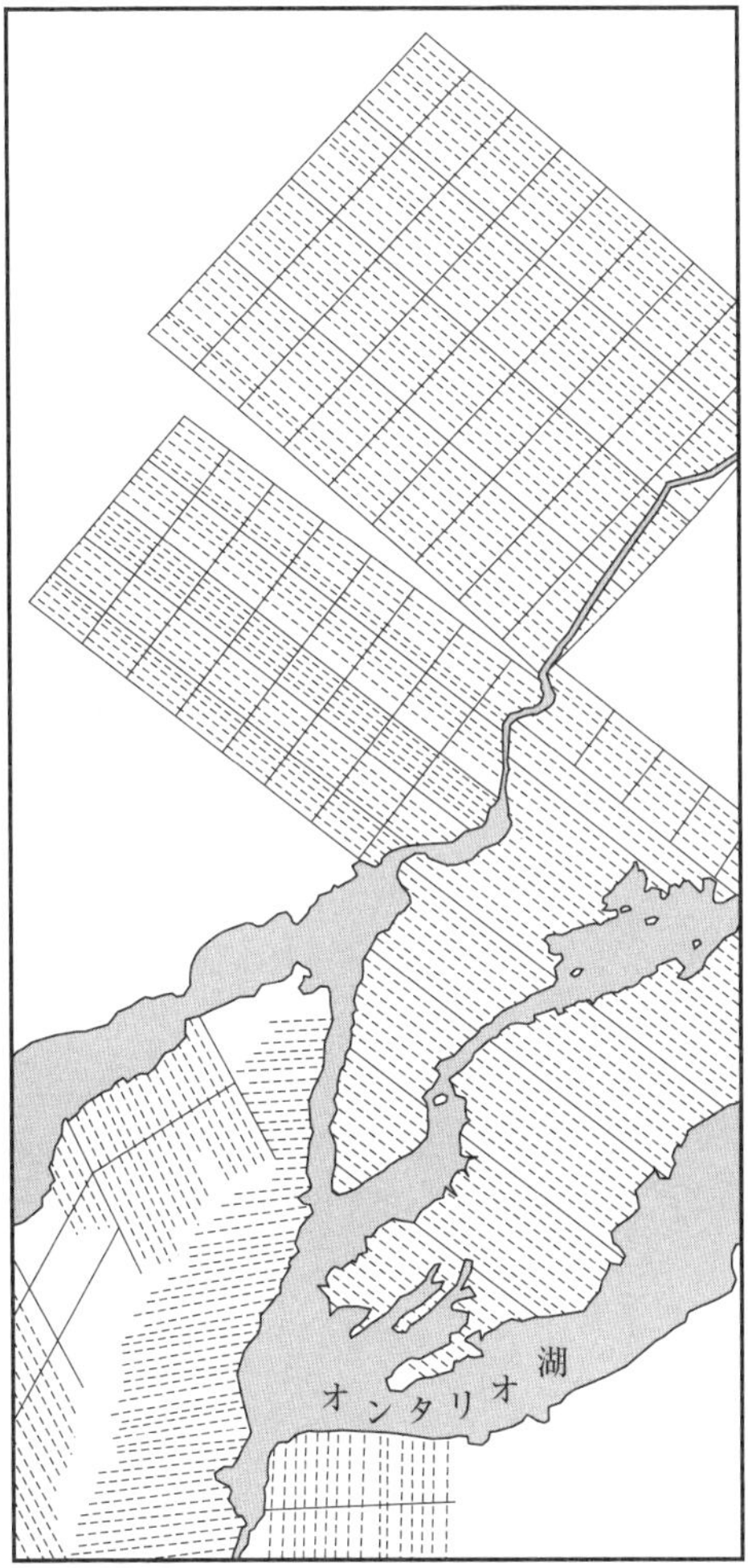


図Ⅲ-3　ロイヤルタウンシップ内の土地区画計画例
（1790年メクレンブルク地区計画図による）

の地割形態の成立に一定の必然性があったことを認めるべきかもしれない。

## ●タウンシップの展開

アッパーカナダ属州では、さらにタウンシップの設定が進んだ。一八〇〇年の同属州の地図（図Ⅲ－4参照）では、イースターン地区のロイヤルタウンシップに加えてその背後の部分に二―三列の名称の付されたタウンシップが描かれ、さらにセントローレンス川南岸にも、名称が入っていないもののタウンシップの区画が描かれている。

キングストン以西のオンタリオ湖とエリー湖の北岸にも一―三列ほどのタウンシップが設定された様子がうかがえるが、現在のトロントの西にあたる部分（現在のミセサガ市付近）にはタ

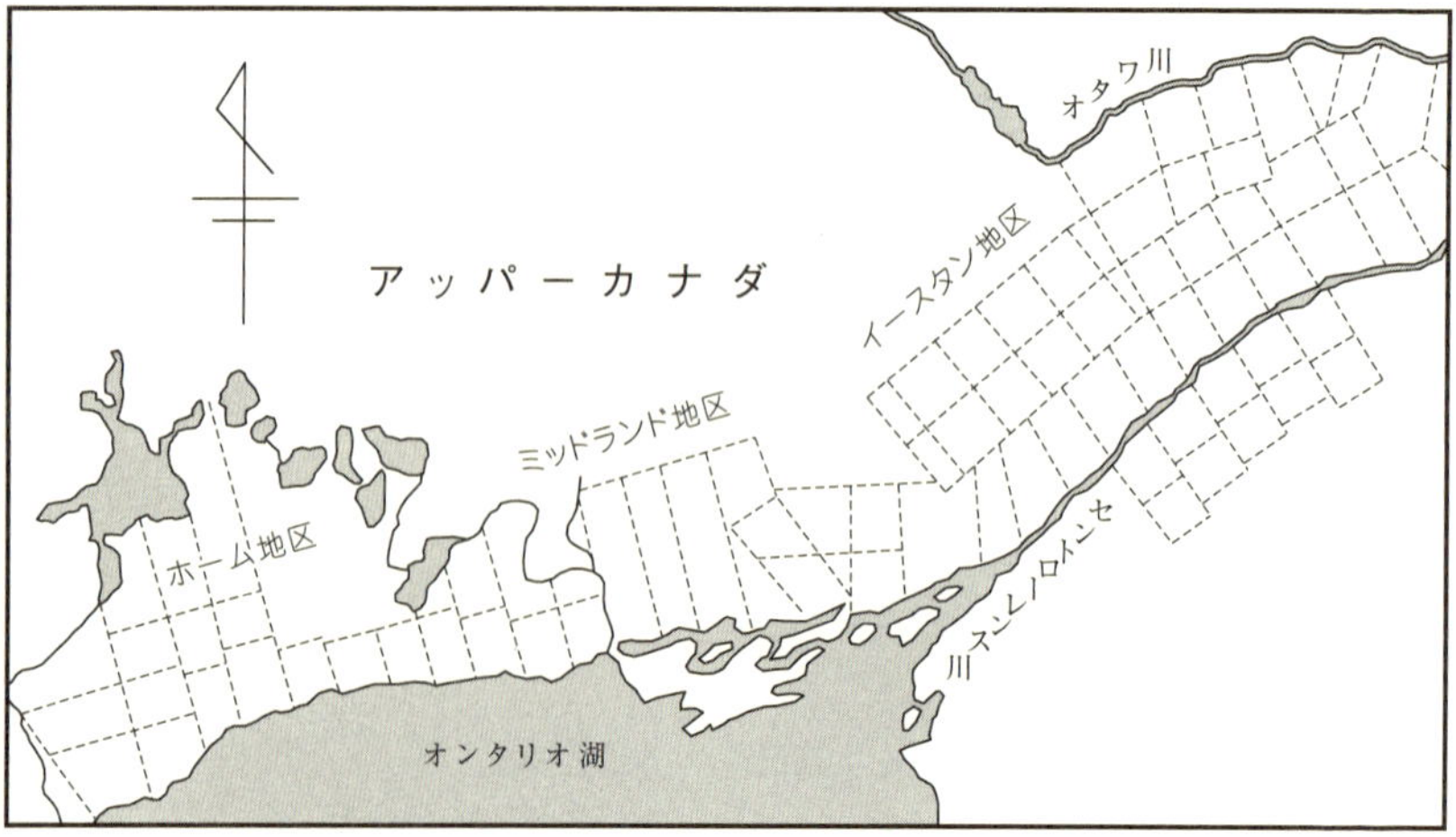


図Ⅲ－4　アッパーカナダのタウンシップ（1800年）

ウンシップの設定がない。

このようなタウンシップの状況は、方位と配置が川ないし湖のウオーターフロントに規制されている状況である。つまりほぼ方形のタウンシップではあるが、方形の方位とウオーターフロントに沿った配置はセイニャリーの設定と同一原則であったことになる。

さらに、タウンシップ内部の土地区画が長地型ないしフランス風の長大な区画に近かったことも特徴的である。図Ⅲ－5はオンタリオ湖西端の南岸の部分であり、東端がナイアガラ川、西端が現ハミルトン市街北側の砂州に閉ざされたラグーンである。地割はウオーターフロントに短辺を向けた細長い区画からなっていた。ナイアガラ川沿いと、オンタリオ湖岸とで向きを変える地割の間には、湖岸線に沿った菱形の区画さえ出現し、長地型の地割の方向もこれに準じている。

## ●カナダのタウンシップ

カナダではタウンシップが、基本的な測量と区画設定の単位として展開した。なかには地方行政単位の町や村の単位として機能した場合もあるが、多くは空間的な区画単位にとどまり、センサスの調査、集計単位として広く使用されてきた。例えばオンタリオ南部では図Ⅲ－6のような状況であり、基本的にロイヤルタウンシップの方位を延長した方向の区画線となっている。アメリカで確立した、経緯線を基準とした方法とは大きく異なる。

タウンシップそのものは、コリンズ測量官代理への訓令にあったように、六マイル四方を原則としていた。各タウンシップ内部の土地区画は、南北に七列、東西に二五筆に区分するものが一般的であり、図Ⅲ－3のカタラキタウンシップの例で示したような状況が出現した。一筆の地筆面積は厳密ではなく、各タウンシップを画する、周囲の道路幅四〇フィートをとるための誤差を許容するものであった。各地筆は、幅約一九チェーン（約三八二メートル）、長さ約六三チェーン（約一二六七メートル）、面積約一二〇エーカーとなる。このような内部の土地区画を伴ったタウンシップは、「シングルフロント」型と呼ばれ、一七八四年以来

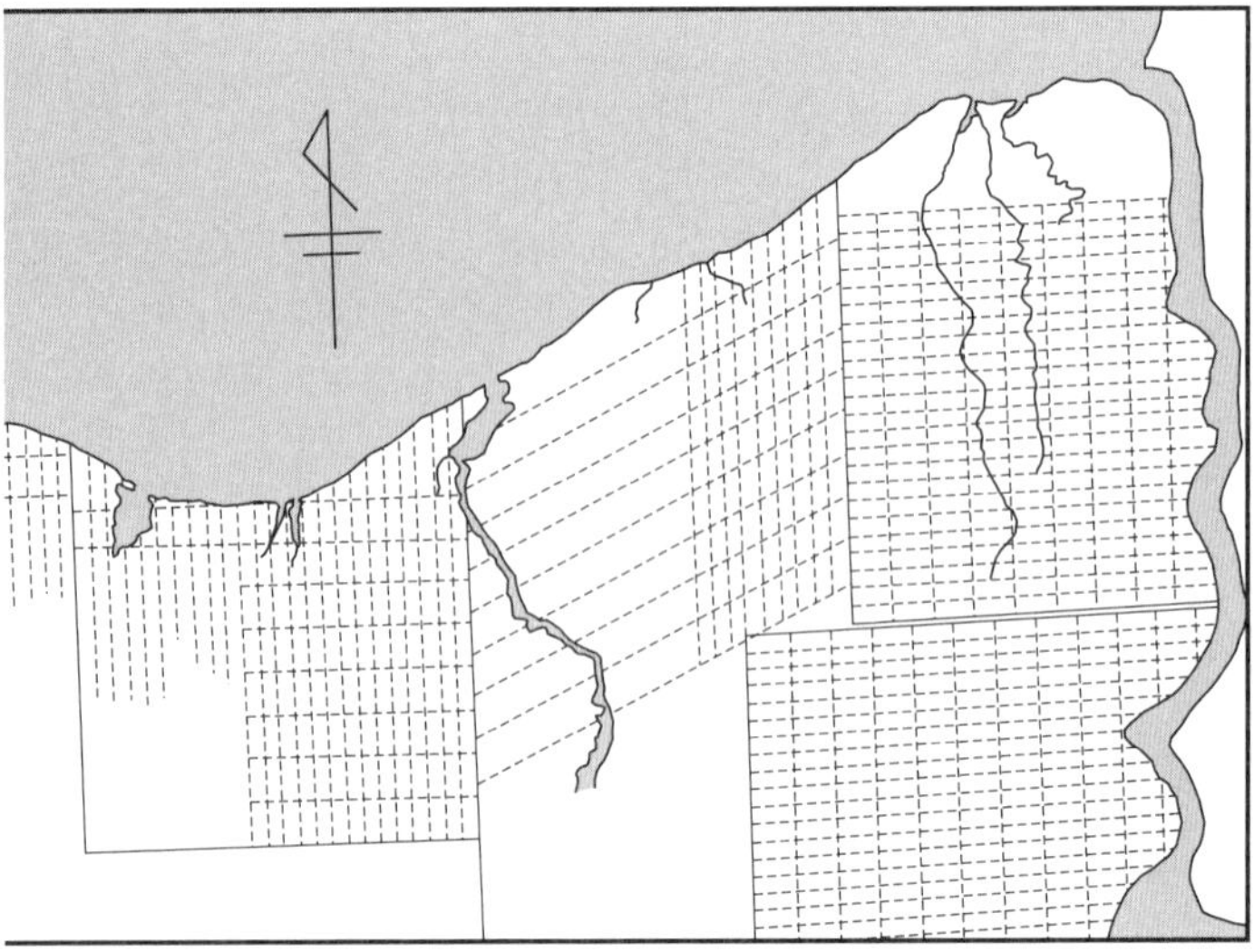

図Ⅲ－5　オンタリオ湖岸のタウンシップ例

の初期のタウンシップ展開の基礎となった。

やがて一八一五年までには、幅三〇チェーン（約六〇三メートル）、長さ六六、七チェーン（約一三四二メートル）面積二〇〇エーカーの区画が基本型となり、「ダブルフロント」型と呼ばれた。これは、前者のシングルフロント型に比べて幅と面積が約一、六─一、七倍程である。先の日本での表現を適用すれば、前者が長地型に近く、後者が半折型（短冊型）に近い。

このほかにも類型はあったが、基本はこの二類型であり、経緯線を使用していないこととともにカナダのタウンシップの土地区画の大きな特徴であった。

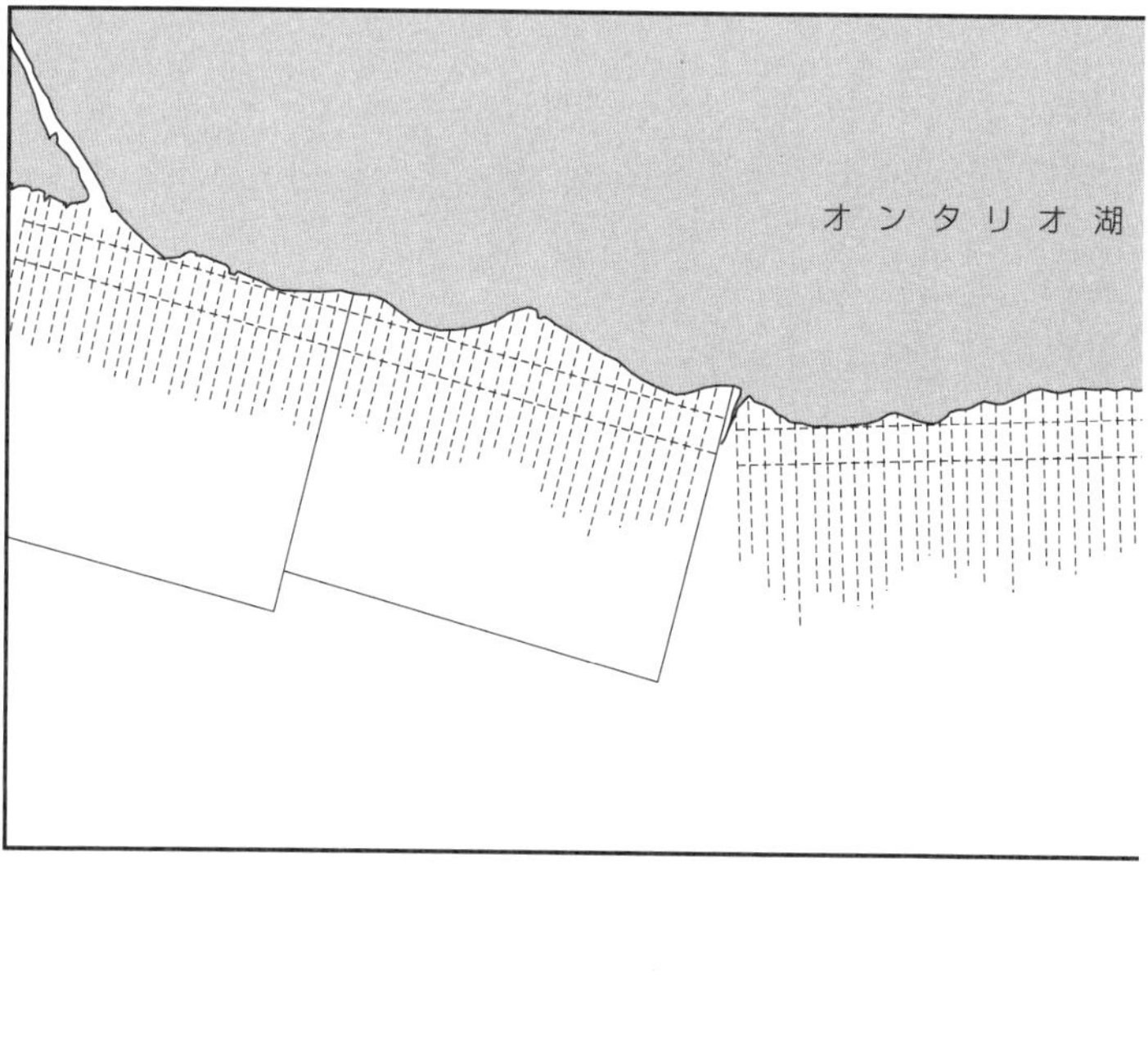

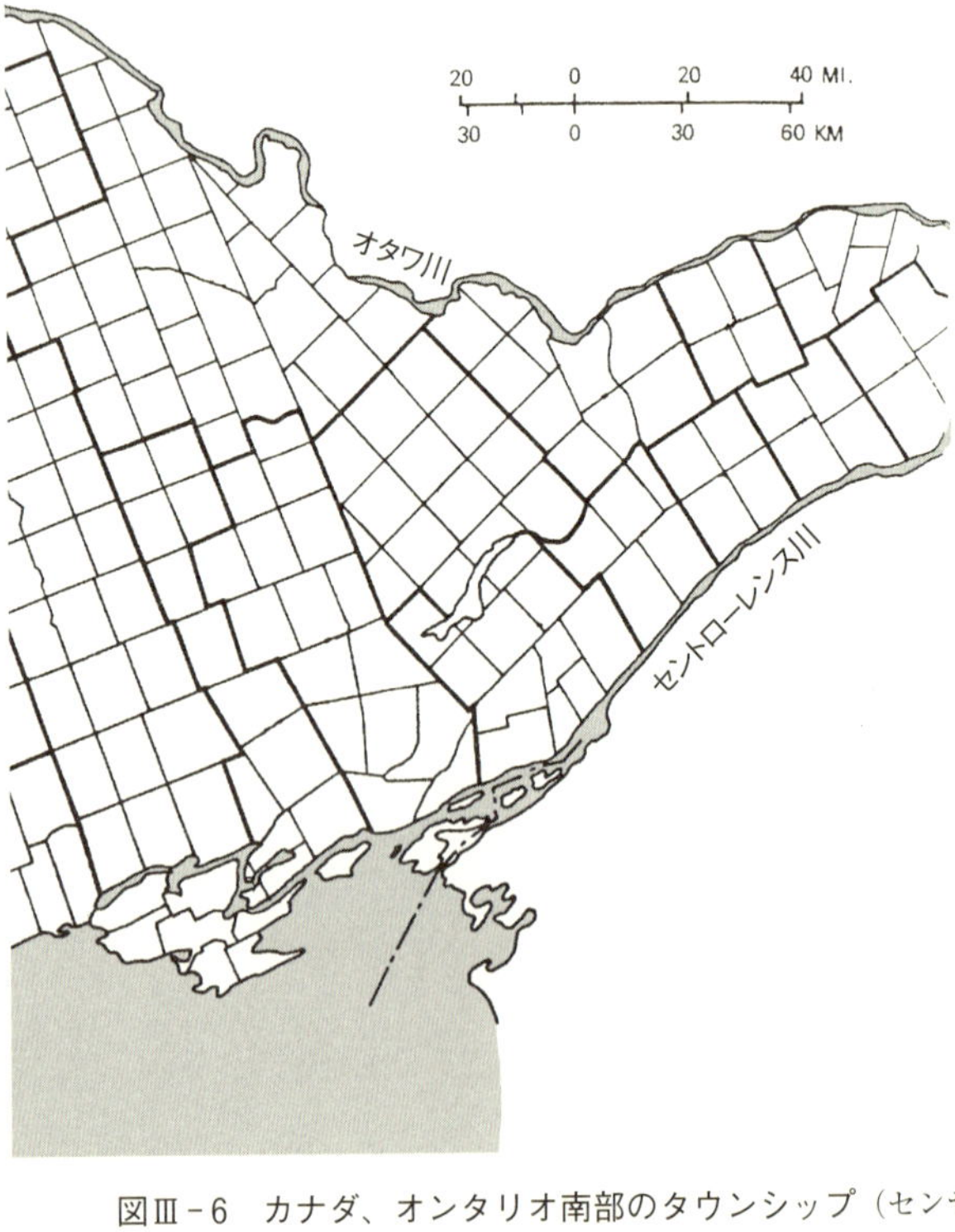


図Ⅲ-6　カナダ、オンタリオ南部のタウンシップ（センサス単位）

ジョージア湾
オンタリオ湖

# Ⅳ　英国におけるタウンシップの変容

「最もイングランドらしい村」バイビュリー（ウィリアム・モリスの表現）

## 1　イングランドにおけるハンドレッドとワッペンテイク

### ●シャイアとハンドレッド

中世イングランドの最上位の地方行政領域ないし政治領域は、シャイアと呼ばれていた。イングランドはシャイアによって構成されていたといってよい。一一世紀後半のノルマン征服以後、同じ領域をカウンティとも称した。シャイアを州と訳することが多いが、本書ではシャイア、カウンティのいずれをも「郡」と訳している。

郡はハンドレッドに分割されていた。これが北米植民地の各所で採用された地方行政単位に使用された名称の由来の一つであった。ハンドレッドは九―一〇世紀ごろにイングランドに導入された行政単位であり、一〇〇家族ないしその土地に相当する一〇〇ハイドを基礎としたものと考えられており、徴税単位や兵役負担単位でもあったとされる。一ハイドは一五―三〇エーカーほどの面積とされるので、百ハイドは一マイル四方の区画三―五ほどの面積となる。したがって、ハンドレッドは郡より下位の地域単位であり、本来教区に由来するパリッシュや、本来村落共同体を意味したタウンシップと混同される規模の単位でもあった。

ハンドレッドという行政領域の単位は一九世紀まで存続していたが、もともと政治的勢力圏に由来する郡や教区であるパリッシュなどとは異なり、当初から徴税、徴兵すなわち行政上の単位として設定されたものであった。

### ●ワッペンテイク

またヨークシャーなど、スカンジナビアの民族の影響の強かった中部、北部イングランド諸郡では、ハンドレッドに相当する行政領域はワッペンテイクと称されていた。一六一二年に刊行された郡単位の地図、いわゆるスピード図によれば、ヨークシャー、リンカンシャー、ノッチンガムシャーなど計一〇のシャイアにワッペンテイクが存在していた。この典型のヨークシャーの場合、一二七四年において二七のワッペンテイクがあったことが知られる。先にパリッシュとタウンシップの例として紹介したハリファックス・パリッシの場合、それが含まれたモーレイ・ワッペンテイクには、郡長官・書記・執行吏などが任命されて、行政・警察を担当したことが知られる。ワッペンテイクもまた、ハンドレッドと同様に行政単位であり、その領域であった。

### ●ハンドレッドの伝播

先に述べたように、バージニア植民地では郡を分割してハンドレッドを設置していたし、バージニア出身のジェファソンの土地計画案にもハンドレッドが採用されていた。後に説明するオーストラリアの植民地においてもハンドレッドが導入された場合があったが、それらはいずれもイングランドで使用されていた用語とその使用例を原形としていた。

なお、イングランド西南方のウェールズでもハンドレッドの用例が存在した。セントジョージズ海峡を隔てたアイルランドではハンドレッドに相当する単位、つまり郡の下部の単位はバロニーと呼ばれていた。

## 2　イングランドにおけるパリッシュとタウンシップ

### ●パリッシュの機能変化

一六世紀後半から一七世紀初めごろのチューダー朝のイングランドにおいて、タウンシップが耕地と共同放牧地からなる、農村コミュニティの領域を示したものであったことは先に述べた。

さらに、キリスト教の教区であったパリッシュが、貧民救済法実施をきっかけに行政パリッシュへの方向をたどり始めたこと、その実施単位がパリッシュでは大き過ぎるとして、タウンシップまたはヴィレッジがその単位とされたことを紹介した。この流れの概要を改めて確認しておきたい。パリッシュが大きすぎるとされた典型の一つヨークシャーでは、ハリファックス・パリッシュには図Ⅳ－1のように多くのタウンシップが存在していた。

### ●パリッシュと同格のタウンシップ

一六〇一年の貧民救済法では、その実施単位をパリッシュないし「シティ、タウン又はそれと同格の地域」と表現していた。その表現が一六六二年に新たに定められた貧民救済法では、「ランカシャー、チェシャー、ダービーシャー、ヨークシャー、ノーサンバランド、ダーラム司教区、カンバーランド、ウェストモアランド」など、「イングランドとウェールズの多くの郡では、パリッシュが大きいので」、「タウンシップとヴィレッジ」に「二人以上の貧民救済委員」を設置することと変化した。またタウンシップは、治安判事による賦課および職務執行の単位としても認められた。

一七〇三年の法律でも、多くの大きなパリッシュ内のタウンシップまたは

図Ⅳ-1　ハリファックス・パリッシュ内のタウンシップと教会（大きな三角）・分教会（小さな三角）（点線は15世紀後半ごろのチャペルリー界）

ヴィレッジにおける、貧民救済委員の選任、教区委員ないし貧民救済委員による法施行権限を認めていた。

一七二二年の救貧救済法では、貧民救済委員、教区委員の活動権限について「パリッシュ、タウン、タウンシップ」などの領域単位を並列して示していた。

このように、一七世紀から一八世紀にかけて、本来は教区であったパリッシュの行政パリッシュ化が進むと共に、タウンシップもほぼ同格の単位とみなされるようになったことになる。ただし、一方では、パリッシュやタウンなどとの区別もなく、それらの名称ないし領域単位の、いわば混用の状況でもあったことになる。つまり英領植民地において、その時々の本国政府または植民地の為政者の指示において採用された行政単位は、いずれもイングランド各地での多様な使用実態を反映していたのである。

## ●タウンシップ概念の伝播

ニューイングランドへの入植が始まったのが一六二〇年であり、四マイル四方、八マイル四方といったタウンシップの領域を示す表現が出始めるのが、一六五〇年前後であったことを思い出しておきたい。ただし、実際に方形のタウンシップが初めて具体的に認可されたのは一六八五年であった。コネティカット川上流域に方形のタウンシップが出現するのは、さらに遅れて一八世紀のことであった。要するにニューイングランドでは、タウンがコミュニティまた行政の単位であって、タウンシップは現実的にはその領域をまず示したことになる

ニューヨーク植民地の場合、ヨークシャーを地盤とした「ヨーク公の法」下での「ニコルズ総督の布告」によって、行政単位としてのタウンシップを設定し始めたのは一六六四年ごろであった。方形といった特徴的あるいは規則的な領域を伴うものではなかったが、これが北米における明確な行政単位としてのタウンシップのスタートとみなされることが多い。ただしこれもニューイングランドのように、後に設定されたものでは次第に方形の領域となっていった。また、ペンシルバニア植民地のタウンシップの場合は、重要な行政単位とはならなったものの、その使用開始は一六八〇年代であった。

## ●タウンシップとパリッシュの互換性

タウンシップがパリッシュと同様の行政単位の方向へと進んだことはすでに述べたが、それは両者が併存していたことを同時に示している。

このことは、北米南部大西洋岸のジョージアなどで、タウンシップとともにパリッシュもまた設定されていたことからも知られる。さらに興味深いのは、一九世紀のニューサウスウェルズ植民地における土地計画を再検討してなされた、当時の英本国における決定である。

新オランダと呼ばれていた、後のオーストラリアの英領ニューサウスウェルズに移民が入植し、植民地が建設され始めたのは、一七八八年のことであった。前著『オーストラリア歴史地理』ですでに詳しく述べたが、ここで必要な経過を要約すると次のようである。歴代のニューサウスウェルズ総督は、「便利なる規模と広がりのタウンシップを設定されたい」という訓令を本国から得ていた。各種の問題発生に対し、植民地行政の立てなおしをはかるために、英国政府は同植民地監査官として、法律家ジョン・ビッグを派遣した。一八一九年から約一年半に及ぶ現地調査を経て帰国したビッグは、一八二二年から三部の報告書（下院文書四四八、一八二二年、同三三及び一三六、一八二三年）を作成し報告した。土地政策については、三六平方マイル以下の区画を設定するのが適当との提言を含んでいた。三六平方マイルの区画とは、先に述べたように、アメリカ合衆国で完成した六マイル四方のタウンシップの規模にほかならない。

ところが、この報告書を受けて検討を加えた結果、当時の植民地担当国務大臣バサースト伯爵は、次のような決定を下して、一八二五年にニューサウスウェルズ植民地総督へ伝達したのである。この新政策の指令には、植民地を「まず、できるだけ四〇マイル四方に近い広がりの郡に区分し、各郡は一〇〇平方マイルにできるだけ近い面積からなるハンドレッドに、各ハンドレッドはさらに、二五平方マイルにできるだけ近いパリッシュに細分する」、といった内容が含まれていた。ここで注目されるのは、郡—ハンドレッド—パリッシュ、という三段階の地区単位と、それぞれの標準面積が提示されていること、タウンシップの代わりにパリッシュが採用されていること、である。さらに、そのパリッシュが区画として明示され、しかもそれがビッグ報告の提言より小さく、二五平方マイルに近い規模と表現されていることにも注目しておきたい。

詳細は次章で述べるが、この文脈ではパリッシュは、規模を除けば全くタウンシップに等しく、郡の下位、土地所有単位の集合となる土地計画そのものである。タウンシップとパリッシュの併存あるいは混用の状況を如実に示すものであろう。

## ●一九世紀イングランドのタウンシップ

バサースト伯爵によってこのような決定がなされた年から十数年を経た一八四一年、イングランドでは最初の本格的なセンサスが実施された。これには集落形態ないし集落規模を示す表現がある。例えば先に紹介したヨークシャーのハリファクス・パリッシュには、このセンサスの時点で二四のタウンシップがあり、ほとんどの場合それぞれのタウンシップに数ヶ所のハムレットが属していた。

一方このセンサスによれば、一八四一年当時のイングランドの郡数は計四〇（ウェールズ南東部のモンマスシャーを含む）であった。この内、図Ⅳ－2のような二八の郡ではパリッシュのすべてにタウンシップがあった。さらに、タウンシップのないパリッシュが存在した一二郡は、同図のようにイングランド東部と東南部に多く、一部は中部と西南部にも存在した。ちなみに、これら後者の郡のパリッシュにはタウンシップが存在しなかったのみならず、ハムレットも存在しなかった。この他、ハムレット自体が登録されていない郡は多

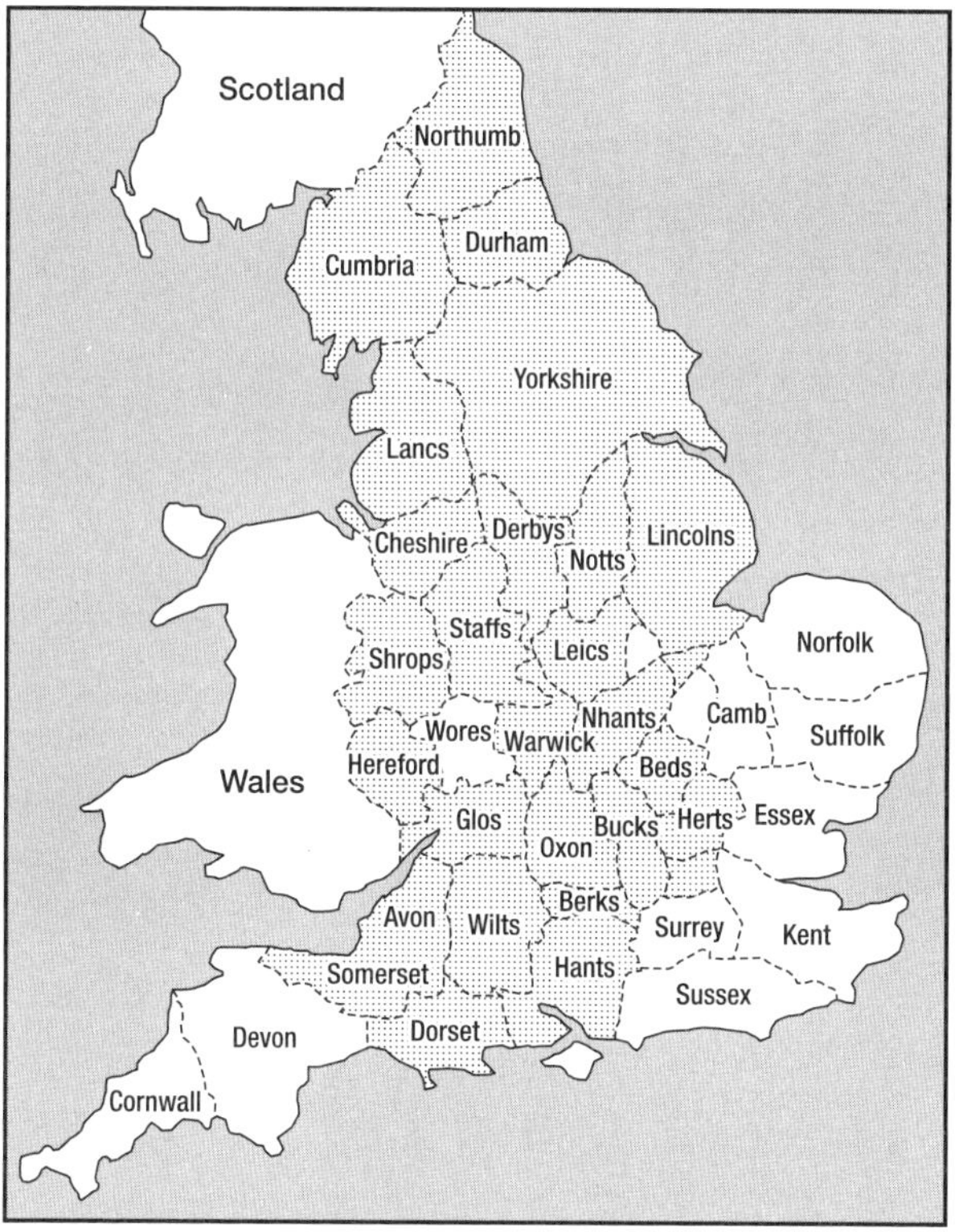


図Ⅳ-2　1841年センサス（イングランド）において、
すべてのパリッシュにタウンシップがある郡

く、計一七郡に及んでいた。

一八四一年時点におけるパリッシュは、すでに行政パリッシュの性格を強めていた。パリッシュと同様の機能を有したタウンシップもまた、イングランドの大半の郡に展開したことが知られる。ただしイングランド東部と東南端および西南端の郡では、タウンシップが存在しなかった。一九世紀中ごろのイングランドでは、このようにかなりの、集落単位と行政単位における地域差があったことになる。

## 3　ウェールズ、スコットランド、アイルランド

### ●ウェールズのタウンシップ

英国のイングランド以外のタウンシップの状況について概観しておきたい。グレートブリテン島西南部のウェールズは、十三世紀末以来イングランドの支配を受けてきた。したがって、一六六二年の貧民救済法も当然のことながらウェールズにも適用された。従って一般的には、イングランドと同様にタウンシップは、行政教区となったパリッシュと類似の行政単位であった。

しかし、正式にタウンシップという用語で表現されている例は多くなかった。例えば、一八〇〇年のカーナーヴォンシアーでは、わずか三例であり、しかも先に紹介したヨークシャーのウェストライディングのタウンシップに比べると随分規模の小さい範囲の呼称であった。

### ●スコットランドのトゥーン

一方、スコットランドでは、小さな町や農村の集落を表現するのに「トゥーン」とか「ファーム・トゥーン」とか表現してきたし、一七・八世紀でも独特の土地配分法を伴った集落があった。一七世紀にはスコットランド王国とイングランド王国が同一の国王の下に統治される形となって

いたことはすでに紹介した。この統治形態は一七世紀初めにスチュアート朝のジェームズⅥ世（スコットランド王としての名前、イングランド王としてはジェームズⅠ世）から始まった。すでに知られているように、この体制の下でスコットランド貧民救済法も実施されたので、パリッシュが行政単位と規定された状況はイングランドと大差なかった。しかし、タウンシップという用語自体は、スコットランドでは行政的には一切使用されなかった。一七九一―九九年完成の二一冊の膨大なジョン・シンクレア編『スコットランド統計報告』（スコットランド教会大会）、あるいは、一八四五年にスコットランド教会大会に報告された一五冊の『スコットランド新統計報告』などではいずれも、「タウン・ヴィレッジ・カントリー」が記述の地域的単位となっているが、タウンシップの語はまったく見られない。例えば「バース・パリッシュは二四のタウンと呼ばれるものに分割されている」というような記述があり、研究者によってはこれを実質的にタウンシップとして扱っている場合もある。しかし例えば、「これらのタウンは八〇から八五エーカーの耕地を擁している」と記述され、集落としても随分と規模の小さな単位であったことが知られる。つまり当時のスコットランドでは、タウンシップという用語はもとより、イングランドで設定されていた規模における領域単位そのものも、行政上ないし統計上においても、全く使用されていなかったのである。

## ●アイルランドのタウンランド

アイルランドの場合、一六世紀中ごろからイングランド王がアイルランド王を兼ねる形で植民地化が進んでいた。しかしそこでも、タウンシップという用語はまったく使用されていなかった。それに相当する単位としては、タウンランドという用語が使用され、たとえば一八三八年の法律では「多くのタウンランドのような単位は……貧困な貧民の救済のための結合体であるべき」といった形で規定されていた。内容としてはイングランドのタウンシップが担った機能に他ならないが、用語としてはタウンシップではない。別の名称を有する地域単位が新しい政策実施のための単位として設定されたものであろう。

## ●英国各地のタウンシップ

要するにイングランドでは、パリッシュ、タウンシップ、ハンドレッドといういくつもの地域単位の名称が使用されており、まったく同規模とは言えないが、相互に互換が可能なような程度の規模でもあった。それらが存在した地域と時期はさまざまであったが、同じ単位や名称でも、時代の流れとともに機能が変化していた。センサスのような同一時期の記録によれば、同じイングランド内でも地域によって存在状況が異なっていた。スコットランド、ウェールズ、アイルランドではその状況はまったく別であったことも知られる。

したがって、英領植民地において採用された地域単位は、採用の時期と由来する地域や政策担当者の志向により、もともと様々な形で導入されたものであった。しかもそれがアメリカ合衆国のタウンシップに典型的に見られるように、英国の状況とは別に独自に変容を遂げたことになる。

# V

# 太平洋西方への タウンシップの伝播

方格状街路の都市メルボルン

## 1　オーストラリア東部

### ●ヨーロッパから一番遠い大地

北米の英領植民地が本国から独立しようとするほど力をつけてきたころ、現在のオーストラリア大陸付近は、ヨーロッパ人にとって依然として未知の世界であった。メガラニカとも呼ばれた、南方の広大な未知の陸地が存在するのではないかという伝説があり、広くヨーロッパ世界に知られていただけでなく、それが東アジア世界にも伝わっていた。当時それを描いた世界地図が一般的であったものの、実際の情報は皆無であった。

このオーストラリア大陸付近へ最初にやって来たヨーロッパ人は主としてオランダ東インド会社の人々であった。日本など東アジアとの交易拠点のあったインドネシアに向かおうとしたオランダ船が、南半球の強い偏西風のため、しばしばオーストラリア大陸西岸へ漂着した。しかし、荒涼とした乾燥地の広がる西岸に対しては、彼らは興味をひかなかった。やがて、東インド総督の命で二度（一六四二年と一六四四年）にわたって北岸と東岸の探検を行ったアベル・タスマンは、この大陸を新オランダと命名した。タスマンの名前は現在のタスマニアの島名として残るが、当時は独立した島とは知られておらず、しかも当時の東インド総督の名前をとってヴァンディーメンズランドと名付けられていた。

その後一六九九年、イギリス人ウィリアム・ダンピアが探検航海に出発し、彼はオーストラリア西岸にまで到達してその一帯を調査した。しかし、特に入植の関心を喚起することはなかった。ただイギリスにおける、この様な探検熱と社会的関心が、ジョナサン・スウィフトの『ガリバー旅行記』(一七二六年刊)に結びついた。スウィフトは、ガリバーと言う船長の体験談として物語を構成し、ヴァンディーメンズランドの北西、南緯三十度二分の地点でガリバーが遭難したと設定したのである。この地点は経緯度からすればオーストラリア大陸の陸上に相当するが、情報の少ない当時においてイギリスから最も遠いヴァンディーメンズランド付近には、未知の事象が夢想されやすかったのであろう。

この大陸東岸一帯を本格的に測量し、オーストラリア大陸東半を新しい英領植民地として入植候補地としたのは一七七〇年のことであった。イギリス人ジェームス・クック船長率いる調査隊の沿岸測量によるものであった。南太平洋に観測調査隊を運ぶ使命を負ったクックが、帰途にニュージーランドと新オランダ東部の沿岸測量を行い、新オランダ東部をニューサウスウェルズとしてイギリス国王の名の下で領有宣言したのであった。

タスマンやクックの探検航海はいずれも、オランダ東インド総督や英国海軍の内命ないし密命として、それまでヨーロッパ世界の関心を呼んでいた、メガラニカあるいは「南方大陸」の存否の確認をあわせて命ぜられていた。このためクックは実際に、南極圏にまで船を進めた。

## ●ニューサウスウェルズ植民地

植民地と本国が対立を深めていた北米では、一七七六年に英領一三植民地がアメリカ合衆国として英国からの独立を宣言するに至った。この北米の動向は、英国に新たな植民地の必要性を強く認識させることとなった。一七八八年にはアーサー・フィリップに率いられた軍人と流刑囚など計約一、〇〇〇人余が新オランダと称されたオーストラリア東海岸のニューサウスウェルズに到着した。

フィリップ一行を乗せた八隻は、英国ポーツマスから二五、〇〇〇キロメートル以上の航海をしてやって来た。その間、南米のリオ・デ・ジャネイロに寄港し、さらに喜望峰を経て、計八ヶ月以上の航海を要した。クックが予定したボタニー湾にまず上陸した一行は、良好な水源を求めて、間もなく北のパラマッタ川河口に近い小湾、シドニーコーブへと本拠を移した。この際にニューサウスウェルズ植民地の領域が、新オランダの東経一三五度以東の範囲に確定された。

## ●不規則な土地区画の設定とその限界

ニューサウスウェルズのフィリップ初代総督は、一七八七年の本国からの訓令において、解放された流刑囚（エマンシピスト）の男子に、一人当たり三〇エーカーを下付し、結婚する場合にその妻の分に二〇エーカーを加え、さらに子供一人につき一〇エーカーを加えることと指示されていた。そのほか下士官一人当たり一〇〇エーカー、自由移民一人当たり五〇エーカー等の下付地面積が定められ、それぞれの下付地の地筆境界線の長辺対短辺を三対一とすること、長辺が水辺に接しないこと、なども定められていた。

このような面積の土地の下付を受ける権利を総督から得た者は、その土地の現地での実際の希望位置を自分で探した上で、測量長官事務所に権利証を提示して測量と区画設定を依頼する必要があった。それを受けて、改めて測量官が現地に赴いてその区画を測量して境界を決定する、といった手続きを必要とした。

しかしこの手順はほどなく限界を迎えた。その大きな原因の一つは人口増加であった。一七八八年の入植時には、囚人を含めて約一、〇〇〇人であったものが、一八一〇年には早くも一一、九五〇人となったことが雄弁に物語っている。シドニーとその周辺のカンバーランド郡のほとんどが入植済みとなって入植適地が乏しくなり、また未開のままの既存下付地の地筆と、新規の下付希望地がしばしば錯綜することとなった。ところが、これらに個別に対応するには測量官が大幅に不足し、手続き待ちの月日の増大が著しくなった。またこれに加えて、自由移民には本国で土地の下付を受ける権利を得たものもあった。しかもその中には、例えば一八〇五年の例のように

八、〇〇〇エーカーといった大規模な土地もあって、混乱に一層の拍車をかけた。その結果、この少し後にあたる一八一四年ごろの状況は、図Ｖ－１のように大小さまざまな地筆が入り組んだ状況であった。

やがて一八二一年にはカンバーランド郡だけで人口二七、九三一人に達した。この間、一八一七年までにはカンバーランド郡は三四の地区（ディストリクト）に区分されたが、郡界の微調整もあり、一八二一年には三一の地区が記録されている。このような地区の区分の下で、増大する人口に対して不規則な土地区画が設定されていったわけであり、植民

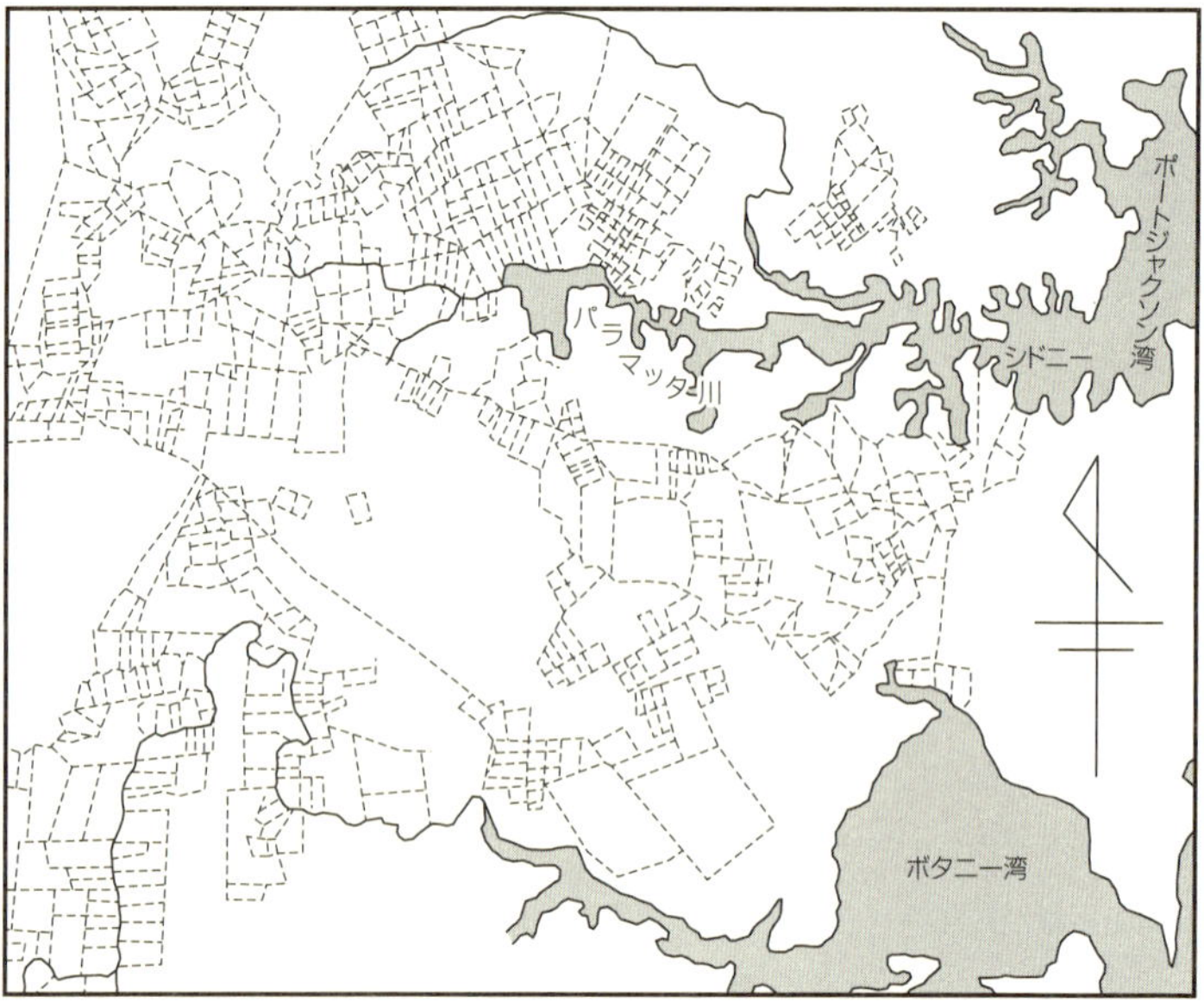


図Ｖ－１　1814年ごろのニューサウスウェルズ植民地の土地区画例

地において、個別的な手続きとそれに対する個別的対応による土地行政は限界に達した。

このような人口増加と、土地行政の混乱と停滞に加え、先住民アボリジニーとの関係の問題も含めた、当時のラクラン・マックァリー総督下の植民地行政一般が行き詰まりを露呈した。その見直しのための調査に、監督官ジョン・トーマス・ビッグが本国から派遣されてニューサウスウェルズへ到着したのは一八一九年九月であった。実際の調査は一年半に及んだ。帰国後、ビッグの報告書三部がロンドンで刊行されたのは一八二二年から翌年にかけてのことであった。

## ●測量長官オクスレイの提案

英国海軍軍人で、ニューサウスウェルズ勤務の実績もあるジョン・オクスレイが、退役後の一八一二年にニューサウスウェルズの測量長官に就任した。すでに述べたような土地区画の設定をめぐる制度上の混乱を実感したオスクレイは一八二一年、監督官ビッグに測量庁の業務についての長文の手紙を書いた。その手紙において彼は、土地政策の混乱ないし土地区画設定の業務の遅滞を改善するために、仮に測量長官事務所の他の業務を一八ヶ月間一切停止してしまったとしても遅滞の回復は不可能であることをまず強調している。その上で、スタッフの増員と、入植対象地についてあらかじめ測量を実施し、前もって地区の設定と三六平方マイル（以上ではない）の正方形の区画の設定をすること、そこに下付地と、同様に正方形の牧師および教師用地、さらに町立て用地（タウンシップ）を設定すべきであること、総督の認可の下に土地下付の対象者に地図を示して方針を明示すべきこと、を提案している。

ビッグは、この提案を基本的に受け入れた上で、若干の変更を加えて前述の報告書に記し、英国議会に報告した。その議会での検討結果の新政策が、一八二五年に植民地担当国務大臣バサースト伯爵の指令として、当時のトーマス・ブリスベーン総督に届いたのであった。

さて、オクスレイが測量長官に就任し、ビッグへの手紙を書くに至った一八二一年頃、ニューサウスウェルズ総督はまだマックァリーであった。年初に手紙を書いたその年の末、マックァリーが召喚され、前述のブリスベーンが後任総督として就任していたものであった。ブリスベーンは直ちに前任者の時代の各種の政策の大幅な見直しを行った。まず、シドニーからずっと北方の太平洋岸のモートン湾に注ぐ川の上流に、流刑囚収容のための都市ブリスベーンを新設した。土地政策についても次のような新たな指示を出した。

## ●タウンシップの導入

総督府官房長のフレデリック・ゴールバーンを通じて、ブリスベーン総督の指示が測量長官オクスレイに通知されたのは、翌一八二二年二月付のことであった。この指示には、「将来のために測量・区画されるすべての土地は、正南北・東西方向の長い平行線によって、六マイル四方のタウンシップに区画され、タウンシップはさらに一マイル四方のセクションに細分されて、各タウンシップの北西隅より始まる一から三六の番号を規則的に付す」とする方針が示されていた。タウンシップという用語とその六マイル四方という形状は、まさしくアメリカ合衆国で展開したシステムと同様であった。明らかにブリスベーン総督には、完成したアメリカ合衆国のタウンシップシステムの知識があったものと思われる。

ブリスベーンがこのシステムを承知していた経緯は明らかでない。しかしブリスベーンは、総督就任前の一七九五年から一七九九年にかけて西インド諸島へ、一八〇〇年から一八〇三年にはジャマイカへ赴任し、さらに一八一四年にはアメリカとの戦争で旅団を指揮していた。つまり、完成したタウンシップシステムの知識を取得していた可能性は高い。オクスレイへの指令は、アメリカ式タウンシップに対する知識を反映したものと見てよい。

## ●タウンシップ区画の実施

ブリスベーン総督の指令を得た測量長官オクスレイは、自らの提案とも同じ方向性でもあり、ただちに指令を実施に移した。この指令を得た一八二二年までには、オクスレイはシドニー周辺のカンバーランド郡とその周辺の計九郡の領域をすでに設定していた。この折の内陸部の郡域の一部は直線を採用していたが、この郡界および郡名の多くは後に修正されて地形を重視した状況になった。

オクスレイは部下の測量官の一人ヘンリー・ダンガーをシドニーの北一〇〇キロメートル程のハンター川の流域へと派遣した。ダンガーはまず一マイルの方格を設定し始め、翌年の地図では図V-2のように全面に一マイル四方の方格が記され、計二三のタウンシップの区画が設定されていた。同図から知られるように、河川流路に沿った曲線と方格線に従った直線の境界が採用されており、一部は六マイル四方だが、一辺が五マイルから七マイルの長方形も多かった。

ただしダンガー自身が、離任後の一八二八年にロンドンで出版した地図では、これよりは規則的な形状のタウンシップがさらに数多く表現されているが、その理由は不明である。

シドニー西方約一〇〇キロメートルの内陸部へ派遣されたジェームス・マクブライアンもまた一マイル四方の方格とタウンシップを設定した。一八二四年の地図に描かれたタウンシップは、やはり直線と河道沿いの曲線とからなっているが、六マイル四方の規準はハンター河谷に比べてより強く守られていた。

## ●パリッシュへの転換

オクスレイによるビッグ監督官への手紙が提案した内容は、英本国政府によって検討が加えられ、新しい指令がバサースト伯からニューサウスウェルズ植民地へと伝えられたことは先に紹介した。バサースト伯の新指令は「四〇マイル四方の郡、一〇〇平方マイルのハンドレッド、二五平方マイルのパリッシュ」への区分を指示したものであった。先の紹介には省いていたが、一マイル四方のセクション（面積六四〇エーカー）を基本とすること、その三区画分に相当する一九二〇エーカーを販売単位とすべきことも指示されていた。

バサースト伯の新指令がブリスベーン総督の下へ届いたのは、一八二五年六月三〇日であった。ブリスベーンとオクスレイは、ただちにその実施にとりかかったと思われ、同年中にはその結果を示す地図が作成された。

その地図によれば、図V－2に示したように四二のパリッシュに相当する区画が描かれ、さらにハンター川河口付近北岸に二つのハンドレッドが示されている。実は、一八二三年段階の二三のタウンシップと、このような一八二五年段階のパリッシュとの関連を示したのが、同図である。このパリッシュも多くは厳密な五マイル四方の方形ではなく、河川沿いの部分は流路を境界線としている。パリッシュと以前のタウンシップの設定範囲が同一ではないので正確ではないが、二三のタウンシップと四二のパリッシュであるから、各区画面積が三六平方マイルから二五平方マイルへの変更という流れと区画数の増加という方向性は矛盾しない。このパリッシュの区画は一八五七年にも維持されており、この地域の土地プランの基本となったものと考えられる。

なお、個別の土地入手単位の多くは先のバサースト伯の指令の土地販売の上限にあるように、

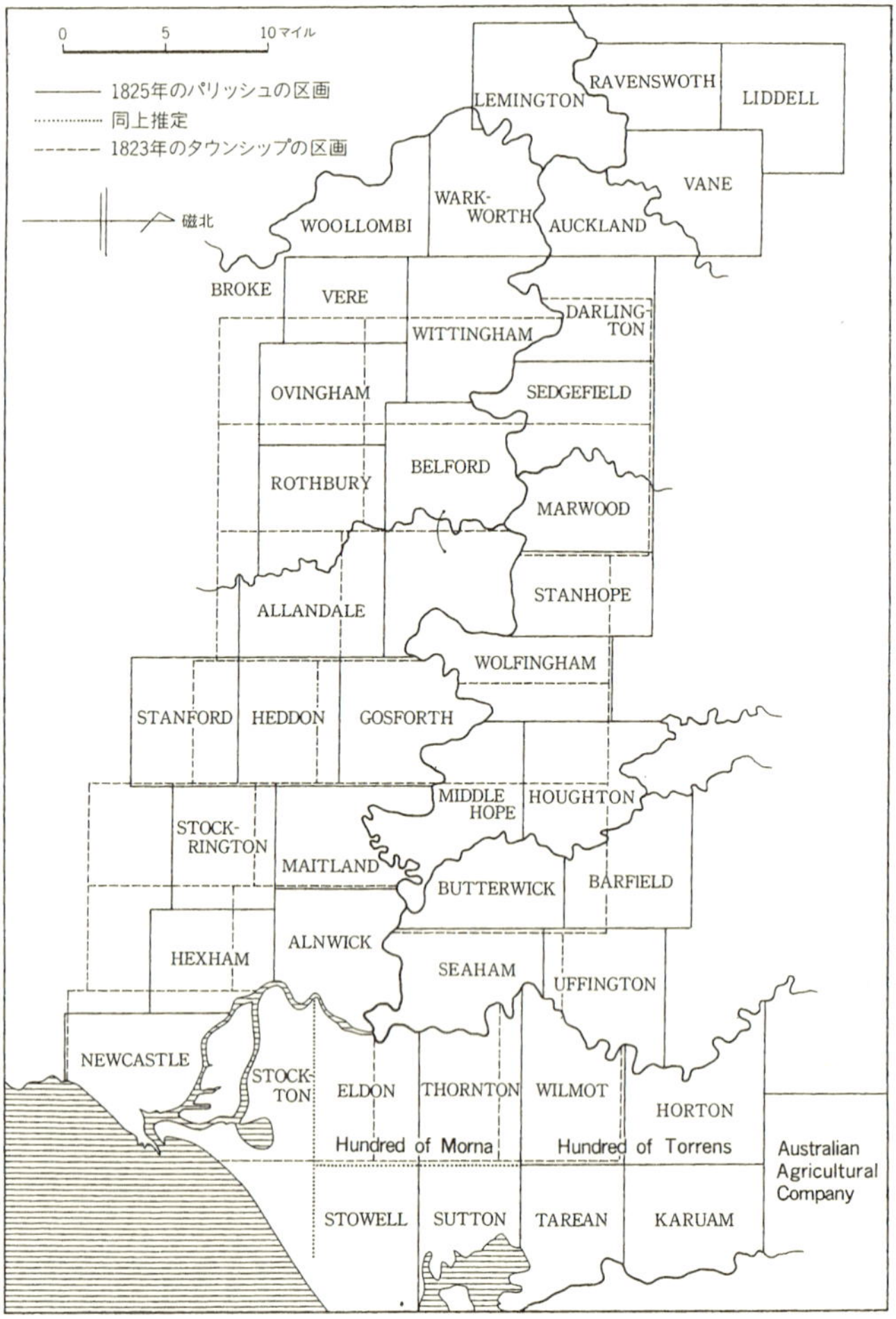


図Ⅴ－2　ハンター川流域におけるタウンシップ（1823年）からパリッシュへ（1825年）への転換

複数の一マイル四方の区画（一二八〇エーカー以上）からなっており、河道に短辺を接した長方形の単位のものが多かった。一八三七年の地図にはこのような地筆がハンター川流域に広がっていたことが表現されており、この状況が具体的に土地所有状況に反映していたことが知られる。

一方、シドニー西方においてもタウンシップの設定が進んでいた（ウエストモアランド郡とロクスバラ郡にわたって一八二四年までに一四のタウンシップが設定された）が、バサースト伯の指令後に設置されたさらにその西方では、一マイル方格の区画と五マイル四方のパリッシュが設定された。川沿いの一部を除きバサースト伯の指令に従った方形のパリッシュであった。しかもここでは、先行した一四のタウンシップは境界をそのままにしてパリッシュと読み換えたことが知られる。

## ●カンバーランド郡のハンドレッド

ハンター川河口付近に二つのハンドレッド名（グロスター郡内）が出現したことは先に述べた。ハンドレッドの設定が郡全体に及んだのは、シドニーが位置するカンバーランド郡であった。一八三五年、オクスレイの後任の測量長官トーマス・ミッチェルが作製した地図では、同郡内に五七のパリッシュが記され、例外はあるものの三〜五のパリッシュからなる一三のハンドレッドに編成されていた。例外はシドニー・ハンドレッドの九パリッシュ、その上流側パラマッタ・ハンドレッドの七パリッシュであった。

しかし、カンバーランド郡は、植民地当初に不規則な土地区画が先行したところであり、ここでのパリッシュはもとより、ハンドレッドもまた極めて不規則な形状であった。郡の領域もまた、自然境界に従った不規則な曲線からなっていた。つまりシドニー周辺のカンバーランド郡は、ニューサウスウェルズでほとんど唯一、郡―ハンドレッド―パリッシュというバサースト伯の指令に従った土地区画単位が設定されていたが、同時にその指令にあった直線と方形が全く採用されていなかった郡であったことになる。

ミッチェルは、一八二七年に測量副長官に就任すると間もなく地形測量を開始し、ニューサウスウェルズ植民地中心部一帯における一九郡の境域を確定した。ミッチェルは間もなく、オクスレイ没後の測量長官に就任するが、彼は正方形への人為的土地分割が現実的で有効なものであり得ないとして、土地区画が自然条件に従ったものである方が良いと考えていた。長官就任後の一八三一年、ミッチェルは明確にこのことを総督府に連絡している。この意見を受けて改めて土地計画全般について検討した植民地政府は、制度的には一マイル方格の土地区画の制度を維持することとした。しかし実施責任者の測量長官が不熱心であり、現実的には極めて不完全かつ不徹底なものであった。

## ●英本国と植民地の距離

先に述べたように、最初に英国からの四人と移民を率いたフィリップの一行は、一七八七年五月一三日にポーツマス港を出港して大西洋を南下し、八月七日に南米のリオ・デ・ジャネイロに寄港した。九月八日にそこを出港し、一〇月一三日にアフリカ南端の喜望峰に到着、一一月一二日に出航して翌年一月二〇日にボタニー湾に到着した。寄航日数を含め、八ヶ月に及ぶ長い航海であった。その後、オーストラリアへの航海に要する日数は若干短縮したが、それでも一九世紀前半ごろまでは約六ヶ月を要した。

一八二一年一月一五日付の測量長官オスクレイの手紙で、土地システムの問題とその解決のための方策についての提案を受けたビッグ監督官は、一八二二年から二三年にかけての英国議会報告書に類似の提案を盛り込んだ。

一方、ブリスベーン総督はこの理解をオクスレイと共有していたと思われ、一八二二年二月一八日付のオクスレイへの指令によって、六マイル四方の方格のタウンシップと一マイル四方のセクションの設定を指示した。この基本方針の下で、翌年にはシドニー北方のハンター河谷で、さらに翌々年までには、シドニー西方の内陸部でのタウンシップの設定が進んだ。

ところが、ビッグ報告を受けて英本国でも別途再検討が行われて、郡、ハンドレッド、パリッシュの三段階の方形の土地区画の設定を定めた方針が決められた。バサースト伯爵の訓令として発令されたのが一八二五年一月一日付であり、ブリスベーン総督の下に届いたのは同年六月三〇日であった。

したがってすでに設定済みのタウンシップの、パリッシュへの変更が必要となったことはすでに述べたところである。

つまり、報告や指令の伝達に片道約六ヶ月を要する英本国と植民地の距離が、同じく規則的な方格の土地区画を原則とする方針ではあってもその規模や名称に相違を生じさせ、またそれらの変更を余儀なくさせたことになる。さらにその結果生じた融通性と曖昧さが、規則的な土地測量方針ならびに土地区画と、実態的土地利用に馴染みやすい、地形に対応した土地区画を基礎とする方針との間での大きな振幅の可能性を増大させたことになる。つまり政策の実施に、距離の隔たりが複雑な要素を加えたといってよい。

### ●タスマニアの不規則な区画

オーストラリア東南端の島タスマニアは、一八二五年までニューサウスウェルズ植民地に属し、ヴァンディーメンズランドと呼ばれていた。

したがってブリスベーン総督と測量長官オクスレイの指令下にあった筈であるが、実際には測量長官代理のジョージ・エバンスの下で、かなり異なった土地政策の経過をたどった。エバンスは一八二六年作製の地図に、合計二三の地区に相当する区画を描いている。しかしエバンスは一八二六年末に、ヴァンディーメンズランドが分離して別植民地となった後の初代ジョージ・アーサー準総督に次のように報告した。測量長官代理自ら、ブリスベーン総督下では正式に土地区画が確定されてはいなかった、というのである。

タウンシップの語も次々代のジョージ・フランクランド測量長官の時代には使用されていた。一八二九年までには、一一の郡、三一のハンドレッド、一二四のパリッシュ、四八の町立て用地としてのタウンシップが設定され、一八三六年に至ってそれが公示され、地図も刊行された。ただしこれらの大・中・小の土地区画は全く不規則であり、アーサー準総督からフランクランド測量長官への指令には、ニューサウスウェルズ総督にあてた一マイル方格の設定の訓令は添付されていたものの、実際には全く実施されていなかったことになる。一八三四年のフランクランドの報告によれば、その理由を、「一般的な地貌が、大木にうっそうとおおわれ、深い谷に刻まれた高い丘陵の集まり」であり、「河岸の斜面だけが、一般に入植地に選定されて」いて、「下付地は（中略）川沿いの一辺が計測され」、「所有者自身も（中略）測量官も（中略）背後の境界線まで行ったことがない」、という状況であったからだとしている。つまり、自然条件が複雑で測量できなかったというのが理由であった。

## ●メルボルンの都市計画

シドニー市街は、整然とした都市の形成を目指すフィリップ総督の当初の意図にもかかわらず、不規則な形状で展開した。それに対してメルボルンは、同じくニューサウスウェルズ内ではあるものの、実質的には担当測量官によって別途の方式が採用され、規則的な方格状の都市計画によって設定された。一八三七年、担当測量官のロバート・ホドルが街区を確定し、当時のニューサウスウェルズ総督であったリチャード・バークが現地に出かけてメルボルンと命名したものであった。

この典型的な方格状の都市計画は、ヤラ川（当時はヤラヤラ川）北岸の、河道にほぼ平行な街区（東北東―西南西方向）からなっており、幅九九フィート（約三〇メートル）のメインストリートで画された東西八列、南北三列のほぼ正方形の街区からなっていた。ただし各街区には、東西に幅三三フィート（約一〇メートル）の小径があり、ほぼ正方形の街区は一区画〇・五エーカーの二〇の土地区画からなっていた。メルボルンは全体が東西約一・八キロメートル、南北約六六〇メートルの市街計画であった。先に紹介したペンシルバニアのフィラデルフィアに設定されていたような広場は構想されていなかったが、この市街計画地の周囲は政府保留地とされていた。

三月に測量・区画設定を開始した市街用地は、六月には競売が始まり、売れ行きが好調なため同年末までに、北側に同じような街区が一列分、計八区画が増設された。したがって、結果的にメルボルンの都市計画は、ほぼ東西に八区画、南北にそれが四列の計三二区画からなることとなった。

メルボルンの当初の計画については、ホドルの前任者ロバート・ラッセルが離任後、すでに当初計画の策定をしていたと主張したが、いずれにしても実施は、バーク総督、ホドル上級測量官（一八五一年にビクトリア植民地の初代測量長官となる）によってなされた。

メルボルンの都市計画は典型的な方格プランであったが、ヤラ川に沿って東西軸の西側が南に傾いた方位であった。一方、メルボルンの位置するポートフィリップ湾岸一帯のバーク郡では、後に述べるように東西・南北方向の一マイル四方の方格の土地区画が設定された。したがって、現在の中心市街となった、初期のメルボルン部分では道路は直線であるものの、周辺に拡大した市街は旧来の農地部分の直線道路を踏襲しているため、両者の接合の部分では現在でも直線道路が屈曲して接合している状況がみられる。

## ●ビクトリアのセクションとパリッシュ

ニューサウスウェルズの南部へはこのように、ポートフィリップ地区として、バーク総督が別途に上級測量官を任命して派遣していた。一方ポートフィリップ地区の西半部一帯の内陸は、ニューサウスウェルズ測量長官ミッチェルによって一八三六年に調査が実施され、「オーストラリア・フィーリックス」と名付けられていた。広大な平原が放牧地としての大きな可能性を有すると見て、オーストラリアに幸運をもたらすと考えたのである。

一八三八年にバーク総督の後任となったジョージ・ギップス総督は、ポートフィリップ地区を財務上も別扱いとし、入植者への一マイル四方のセクション（六

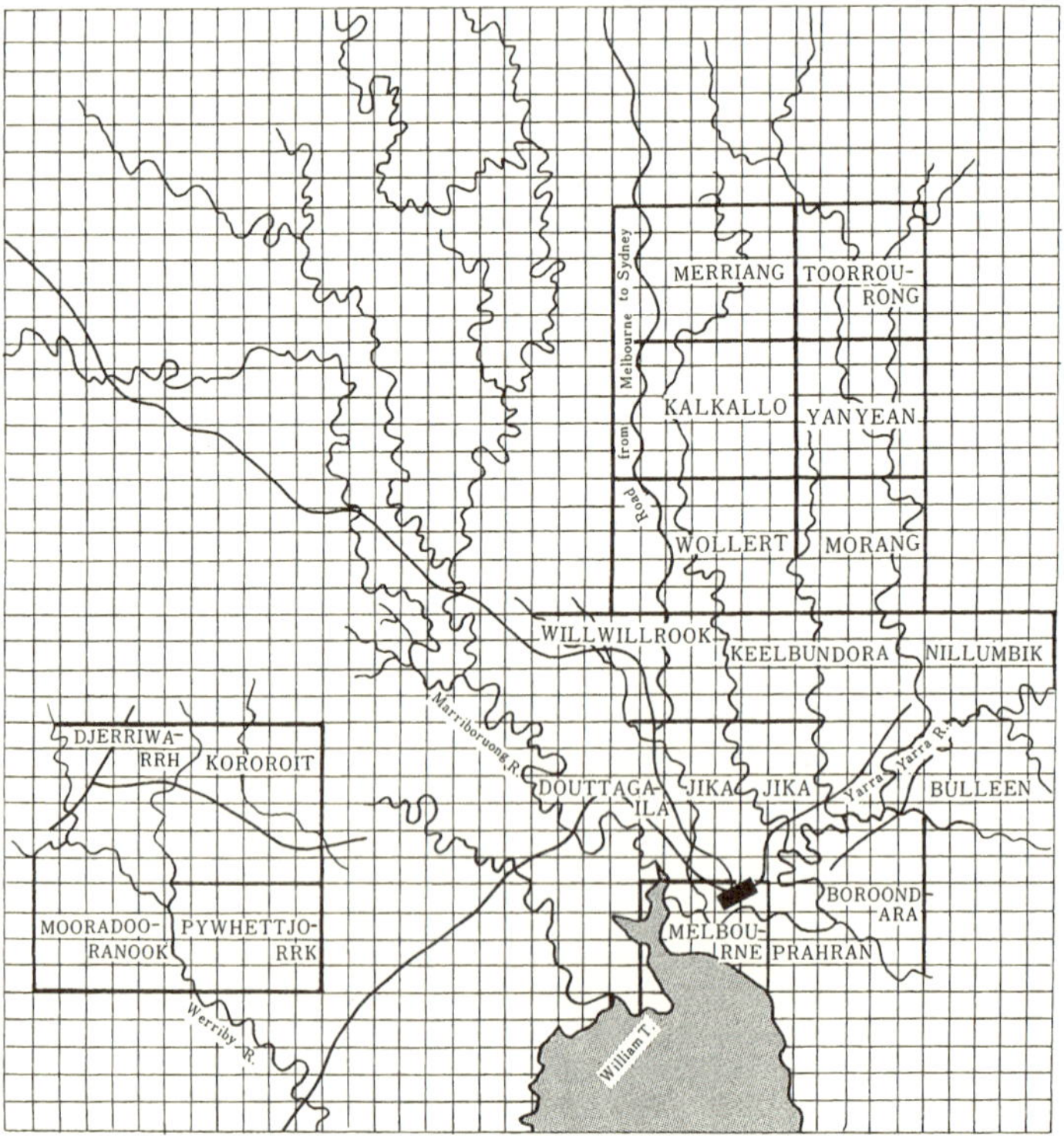


図V-3　1840年9月頃におけるメルボルン周辺のパリッシュ

四〇エーカー）単位での土地販売を始めた。一八三九年にその報告書を英本国に送付したものの、またしてもそれと行き違いに翌年、植民地担当国務大臣ジョン・ラッセルから新しい勅令が届いた。この勅令は方格の区画についてのみならず、ニューサウスウェルズ全体を北部、中央部、南部へと三地区への分割を指示していた。さらに一マイル方格の土地区画の継続を認めていたが、当時のギ

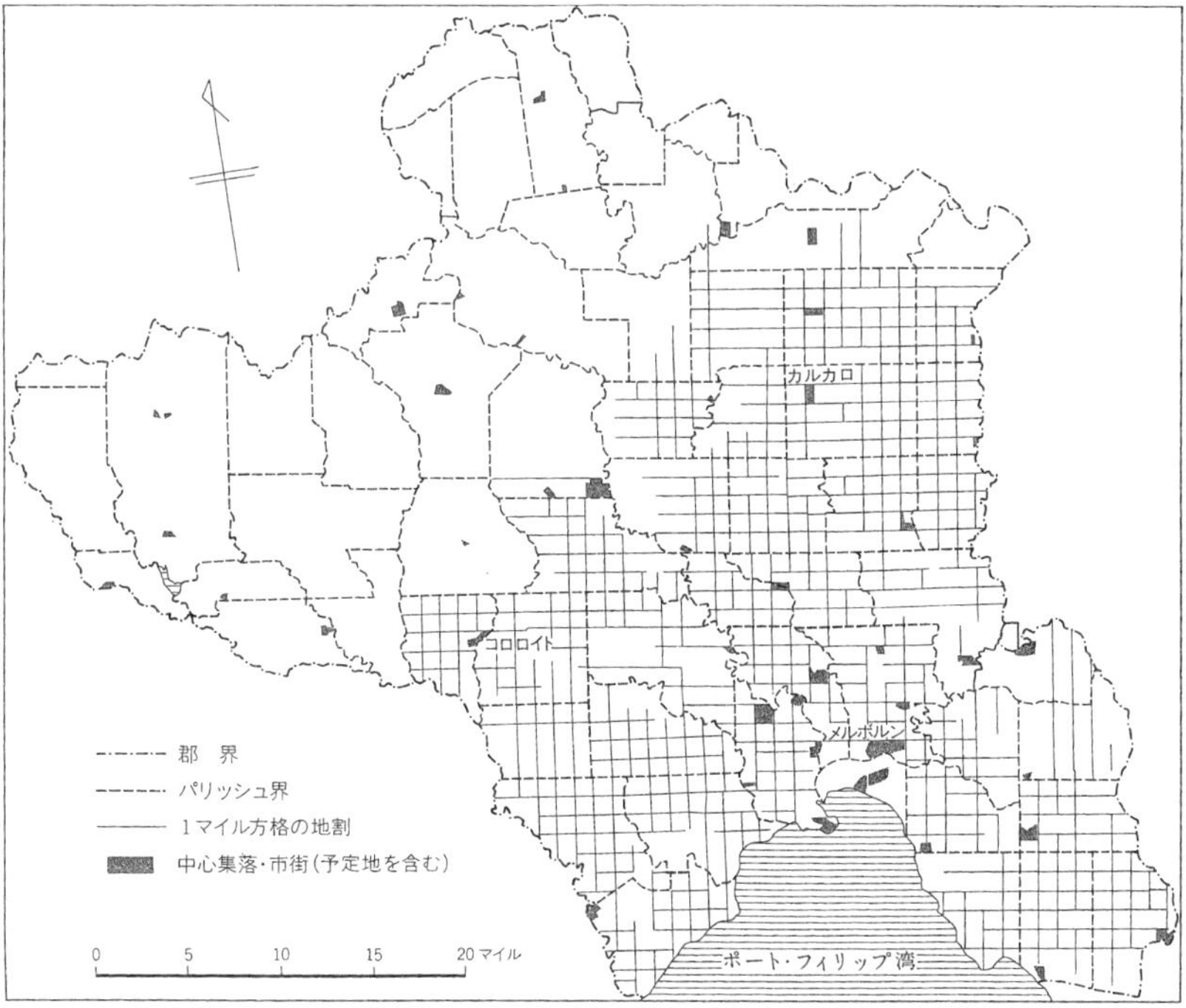


図V－4　バーク郡のパリッシュと中心集落

ップス総督からの申し入れとは異なり、均一価格による土地売買をも指示していた。いずれにしてもこの結果、メルボルン周辺では図V－3のように、東西－南北方向の一マイル方格を基準とし、厳密ではないものの五マイル四方ないしそれに準じた形のパリッシュの設定が進んだ。

一八四〇年にギップス総督に伝達された勅令では、ニューサウスウェルズ植民地の三分割が指示されていたが、その第一段階として実現したのが、ポートフィリップ地区のビクトリア植民地としての分離であり、一八五〇年八月に決定され、翌年七月に公示された。北部のクイーンズランド植民地としての分離は、さらに遅れて一八五九年のことであった。

ビクトリアにおいても、パリッシュの設定、一マイル方格の設定は、基本的に土地販売、地籍上の区画であり、それ以上のものではなかったが、図V－4に示した、メルボルン周辺のバーク郡のように設定が進んだ。郡は地形に従った境界線、パリッシュは直線と河川沿いの曲線の混在といった状況であった。

## ●町立て用地としての「タウンシップ」

ここで注目しておきたいのはタウンシップと称されたその対象である。多くのパリッシュには集落用保留地が設定され、そこにやがて市街用区画が設定され、公示された。その段階ではそれが「タウンシップ」と表現され、「町立て用地」ないし「市街化地区」を意味したことである。例えばメルボルン周辺のバーク郡では一八四一年に二一ヶ所、一八七〇年ころまでにはそれが五六ヶ所に及んだ。ただしこの数には、タウンシップだけではなく、集落（ヴィレッジ）、集落用保留地の表現も含んでいる。

タウンシップの語が、その実態としてタウンに準じた意味を持っていたことは、すでに紹介したように近代初期のイギリスでも確認されたことである。ニューイングランドでもタウンシップとタウンは混用された場合があったこともすでに見てきた。

このような意味でのタウンシップの語の使用方向はすでに、オクスレイからビッグへの手紙やタスマニアのフランクランドの土地計画の一種に見られたが、ビクトリアではタウンシップの語は明確に個々の町立て用地、市街化地区、市街予定地を示した。しかも形状から見ればその多くが方形であり、方格状の街路計画を有していた。

## ●緯度・経度による区画設定

ニューサウスウェルズでもそうであったが、ビクトリアでも一マイルの方格は、当時の測量方法に由来する不正確さを伴っていた。磁石または地平測角器と測鎖が当時の一般的測量器具であり、どうしても磁北を基準とするための誤差を避け難かった。ジョウ・パウエルが報告しているように、特にビクトリア西部での偏差が大きく、方格プランの方位の混乱は大きかった。

一八五八年にビクトリアの新しい測量長官に就任したシンクレア・リーガーは、アメリカ合衆国のタウンシップシステムが基本としたような、経緯線を使用する測量および土地区画法を採用するように主張した。植民地での主たる目的は、自然の地形や人工の構築物の詳細な記録ではなく、販売用の土地を準備することにある、というのがその根拠であった。

「経線と緯線の位置と方向に従った主要区画線によって、国土を基本的なブロックに区分」し、「各ブロックは平均して面積二五、〇〇〇エーカーを擁し、各辺はそれぞれ経度と緯度一度の一〇分の一で、一辺約六マイルである」、というのである。

一八六〇年代に入って測量が進行した、ビクトリア北部のロドニー郡の場合、図Ⅴ-5のような状況であった。部分的に先行した土地区画の存在と、一マイル方格と経緯度六分（一度の一〇分の一）の厳密な整合性がないところから、図示したような不規則性が出現したとみてよい。しかし、直線境界のパリッシュと一マイル方格への指向性は極めて強い。

ビクトリアでの全三七郡と、その内の二、〇〇四ものパリッシュ、さらに内部の一マイル方格のセクションは、図で例示したバーク郡とロドニー郡のような形態や、さらにその延長状の多様な展開をしたが、方格状の規則的な土地区画への指向はビクトリアではきわめて強く、広範に方格状土地区画が展開した。

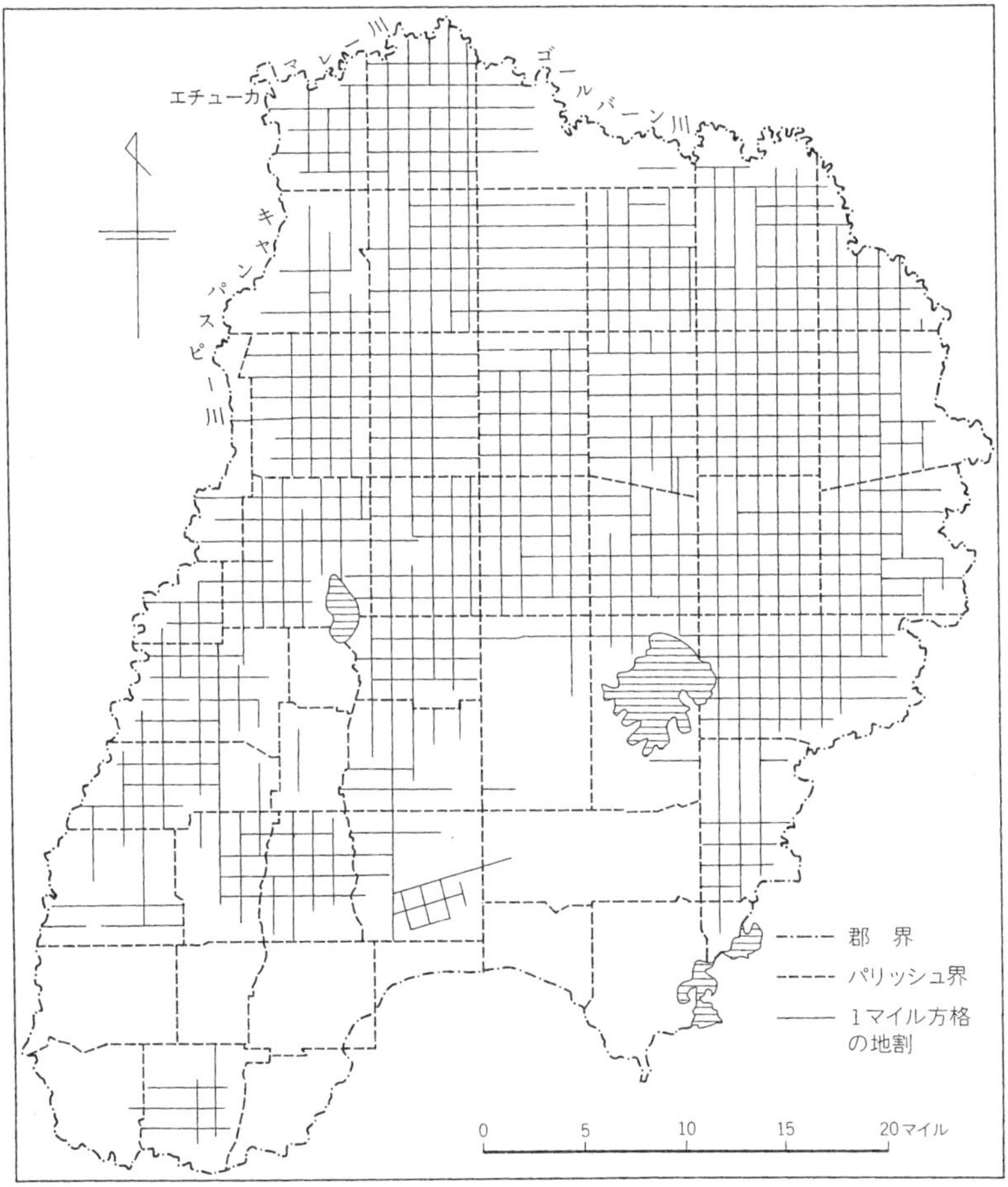


図V-5　ロドニー郡のパリッシュと方格地割

## 2　オーストラリア西・中部

### ●ウェスターンオーストラリア

オーストラリア西半のウェスターンオーストラリアは、東部のニューサウスウェルズに四〇年ほど遅れて発足した。その成立には、初代準総督となったジェームス・スターリングの強い意向と運動が功を奏したといってよい。スターリングは一八二七年に、ニューサウスウェルズ植民地から外されていた、大陸西岸のスワン川一帯を探検し、そこに植民地建設を企図したのである。当時の植民地担当大臣ジョージ・マレーの同意を得て、一八二九年六月に英領領民地として確立した際には、スワン川植民地と呼ばれた。

同植民地設立に際し、スターリング準総督は、一八二五年のバサースト伯の訓令をはじめニューサウスウェルズ総督に宛てられた、ニューサウスウェルズと同内容の指示を受けていた。つまり、西岸にも東岸と同じような植民地が建設されることとなったはずであった。

ところが一八二九年に初代測量長官に就任したジョン・ロウは、それ以後一八七二年に至るまで、四〇年間以上もの間その職にあり、独自の土地政策を展開することとなった。ニューサウスウェルズではすでに、一マイル四方の土地区画の設定とパリッシュを設定することが訓令に明示され、問題を含みながらも推進されていたことはすでに述べた。しかしウェスターンオーストラリアでは、川沿いに短編を接した長大な区画が設定されていたのである。

## ●川沿いの長大な区画

測量長官ロウによる、一八三五年の英本国植民地担当国務大臣への報告には、一八二九年九月、総督と測量長官が入植者を伴って入植地を決定した際、「スワン川とカニング川の岸にみえる適当な間隔の木を指示することによって入植予定者に割りあてた」ことが記されている。「これらの木から東西に(川とほぼ直角に)のびる線は、申請した面積を擁するまで、川から延長されるもの」であったという。その結果、一部に土地区画の延長部分が交叉するなどの混乱が発生した(図V－6のパース周辺参照)。所有者によるその訴えへの対応が必要となった際にも測量長官として答弁し、人員が少なく測量が行われていなかった入植時にはやむを得ない処置であった、と抗弁している。

一方ロンドンではこの間、ウェスターンオーストラリアへの入植者の募集が行われていた。例えば一八三一年の入植希望者への通知においては、郡・ハンドレッド・パリッシュへの区分が進行中であること、土地は一般に一平方マイルもしくは六四〇エーカーの区画として販売される、としていた。つまり東部と同様の規定を公示していたことになる。

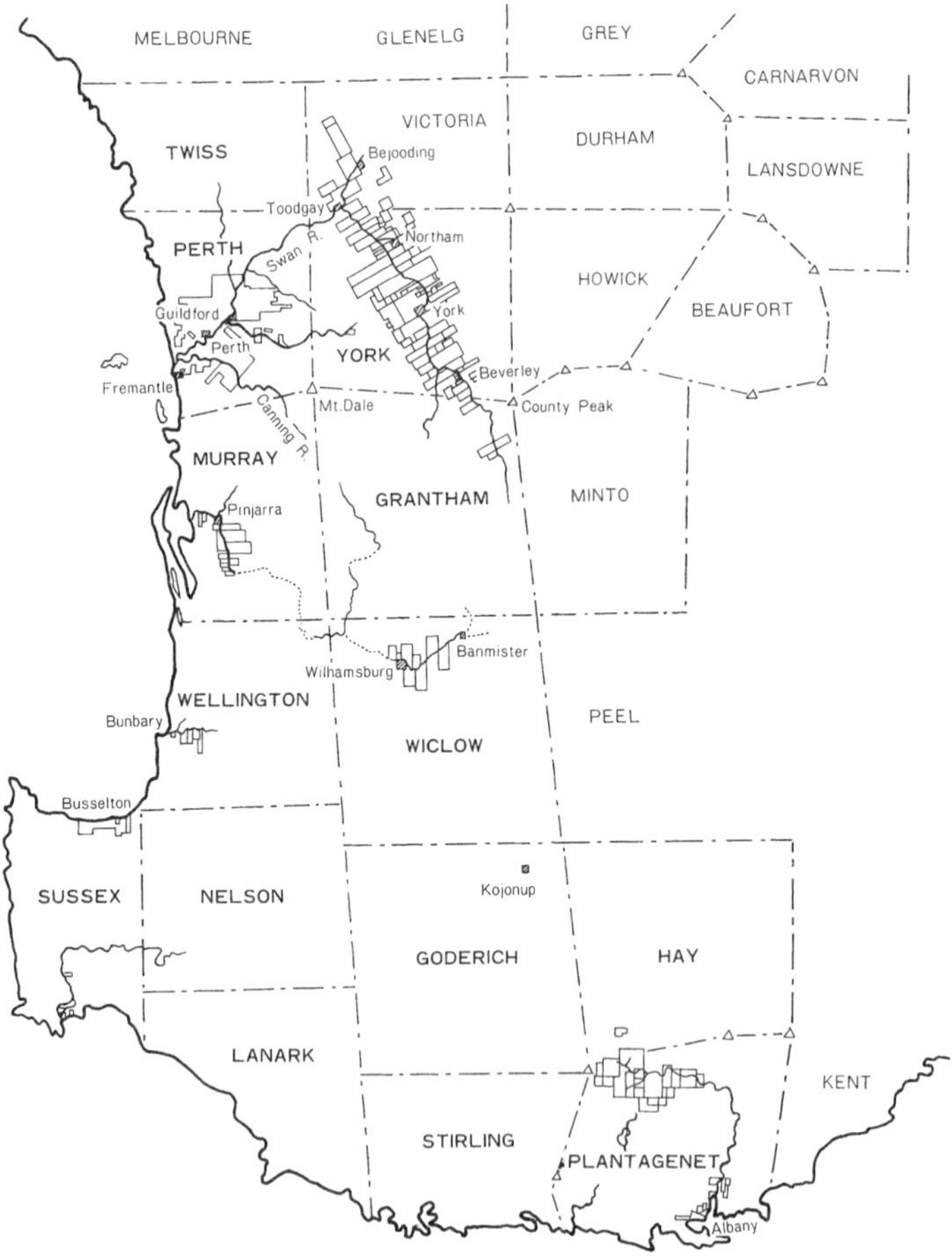


図V-6　ウェスターンオーストラリアにおける郡の予定地と初期の土地区画の概要（パース周辺は区画群全体の概要）

一八三九年になると、新たに入植区画を設定する場合、土地はできるだけ正方形に近く、長さが幅の三倍を越えない形であること、同一地区にある既存の下付地と同一方向に境界線を設定すること、などが決定されて混乱を防ぐ努力がなされたものの、一マイル方格の土地区画設定への方向性は全く存在しなかった（図Ｖ－６のヨーク周辺参照）。

## ●予定郡域の設定

スターリング準総督は、一八三二年にいったん任を終えて帰国したが、一八三四年から再びウェスターンオーストラリア総督に就任して四年余り在任した。測量長官ロウの長期在任はすでにのべたが、総督もまた前後二回、計八年余の在任となった。

移民募集が行われていたロンドンでは一八三九年に、ウェスターンオーストラリアの郡と土地区画の概要を示した地図が刊行された。図Ｖ－６はそれを再製図したものであるが、前述のスワン川・カニング川沿いの最初の土地区画は、全体の区画設定の範囲のみが表現されている。スワン川上流のヨーク付近の区画は、先に述べたような一八三九年の決定の状況、つまりあまり長大でなく。短辺と長辺が三対一以下という状況をほぼ示している。

この地図に描かれた大区画は、一点鎖線で示されている区画や範囲の閉じていないものも含め、総数二六に及ぶ。これらは、一八二五年の英本国バサースト伯の訓令にある郡に相当するものであり、一辺約四〇マイルに近い。しかし、同図に「スターリング卿閣下による見解」として記入された注記によれば、「いくつかの地区に付された名称は参照用のものであり、いずれも正式に測量され、区画が画定されたものではない」とされていた。つまり郡の予定範囲であったことになる。一八四八年の四つのオーストラリア植民地を描いた地図でも、他の植民地と異なり、ウェスターンオーストラリアにはこのような予定区画が点線で示されているに過ぎない。郡の設定は予定のままで推移したことになる。

測量長官ロウは一八五二年の報告においてなお、測量庁が測量を実施すべき土地が一〇一件、七万エーカー余も存在するとし、さらに業務の一つとして「二八郡の境界線と、その内部の区画の境界線の設定」をあげている。やはり、図V－6の状況は予定であり続けていたのである。ただし、前述のパースのみでなく、ヨーク、ビクトリア、マレー、ウイクロウ、プランタジネットなどにおける、川沿いの長方形の土地区画は設定済みであった。ヨーク付近のように郡の予定区画とは全く別の原理で設定されていたことが知られる。

## ●植民地総督と測量長官

もう一度確認すると、ニューサウスウェルズ植民地では一八二〇年代に、土地政策の混乱を克服すべく、ブリスベーン総督の指示の下に土地政策の改善を進めた。測量長官オクスレイは、シドニーの北方と西方において一マイル四方のセクションを基準としたアメリカ式を念頭においた土地区画の設定を行った。同時にタウンシップも設定したが、方格の土地計画という点では不完全なものであった。

ところが、併行して土地政策の再検討を進めた英本国から届いた新政策によって、六マイル四方を念頭においたタウンシップを、五マイル四方のパリッシュへと変更することを余儀なくされた。オクスレイはこれに柔軟に対応して、タウンシップからパリッシュへの読み換えや再編を行った。これが可能であったのは、もともと北米のタウンシップを念頭においたものとしてはニューサウスウェルズのタウンシップが不完全な形状であったことにもよる。

不完全さを助長したのは、オクスレイ没後の測量長官ミッチェルがそもそも画一的な方形の土地区画の設定に否定的だったことである。その結果ニューサウスウェルズでは、現実には極めて不完全な方形、あるいは自然地形に対応した不整形な土地区画が中心となった。

一八三〇年代から四〇年代に測量と区画設定が進行したニューサウスウェルズ南部のポートフィリップ地区（後のビクトリア植民地）では、ニューサウスウェルズ総督がブリスベーンから代わっていたが、バーク総督直下のホドルが測量官として実質上のポートフィリップ地区の長官の役割を務め、やがて正式にビクトリア植民地の測量長官となった。ホドルは新都市メルボルンに典型的な方格状の街路を導入し、また一マイル四方のセクション、五～六マイル四方のパリッシュの設定を進めた。

しかし、当時の一般的な測量技術上の問題に由来する方位のバラつきや、元来がアメリカ式タウンシップシステムとは異なった方式のパリッシュであったことなどから、方格プランとしては不完全であった。一八五八年にビクトリア植民地の測量長官に就任したリーガーは、経緯線を利用した直線境界を導入したが、単純に距離と経緯度という異なった二つの基準を採用した不整合は避け難かった。

ニューサウスウェルズと同じ訓令下にあったタスマニアの場合、測量長官代理エバンス、ついでアーサー準総督の下での測量長官フランクランドの指揮で測量と土地区画の設定が進んだ。しかし、急峻な地形条件と深い森林の存在を理由に、規則的な方形の土地区画は全く設定されなかった。

ウェスターンオーストラリアでは、スターリング総督とロウ測量長官の下で、川沿いに短辺を接した、フランス式に似た長大な土地区画が設定された。後に長大さの若干の制限が行われたが、方形の領域を指向していたのは郡の予定領域のみであった。ここでは地形的な制約は理由になっていないが、入植開始八年後においても入植者一、八四七人、軍人とその家族が一八五人でしかなく、一八五〇年でもまだ五、八八八人であり、人口増・入植者増が混乱を起こしたニューサウスウェルズの人口が一八二五年に三万人以上であったことに比べると、極めて少なかったといわざるを得ない。

このように入植者の増加が極めて遅かったことに加え、測量長官のロウが前述のように四〇年もの間在任し続けたことも東部と異なって方格の土地計画への志向性が少なかった理由にあげることができそうである。

総じてオーストラリアの場合、自然条件を除けば、植民地の総督や測量長官、特に測量長官の志向性が大きな役割を果たしていたと見られる。

これは次に述べるサウスオーストラリアの場合にもあてはまる。

## ●サウスオーストラリアと組織的植民

ニューサウスウェルズ植民地の問題点をさぐるために、監督官ビッグが三冊の報告書を提出したのが、一八二二年から翌年にかけてのことであった。その検討結果をもとに新政策が決定され、植民地担当国務大臣バサースト伯爵の名で正式にニューサウスウエルズ総督に通達されたのが一八二五年一月一日付であったこともすでに述べた。

この報告書そのものを含め、ニューサウスウェルズの植民地問題は政府内部以外においてもかなりの社会的関心を呼んだ。

一八二九年八月二一日から、ロンドンの新聞『モーニング・クロニクル』に、「シドニーからの手紙」と題した一一回に及ぶ連載記事が掲載された。これはシドニー在住の人物からの手紙の形をとって、ニューサウスウェルズ植民地の自然条件、政治・経済・社会の諸状況について解説と批判を加えた上で、以後の方策について提言したものであった。その主旨は、従来の土地下付のシステムがもたらした混乱および囚人労働力を使用することの悪影響を指摘し、流刑囚を排した、自由移民による英国社会の確立を主張したものであった。

この提言は一八三一年までに、新植民地入植案としてまとめたうえで植民地省へ提出された。翌年には、『サウスオーストラリア植民地土地会社設立趣意書』として刊行された。それによれば、土地には最低価格を設定して販売すること、すべての土地は購入した上でないと耕作してはいけないこと、土地売却による収入を若い夫婦もしくは結婚適齢期にある男女同数の人々の渡航費用にあてること、成人男子人口が一〇、〇〇〇人に達するまでは国王が任命する総督の手にすべてが集中するが、以後は立法議会を設立することなど、計二二項目の提案が示されていた。

この考えは一般に、「組織的植民」と呼ばれているので、以下その表現に従いたい。

### ●組織的植民の提唱者ウェイクフィールド

『モーニング・クロニクル』の「シドニーからの手紙」は、実はロンドンのニューゲイト刑務所に服役中のエドワード・ウェイクフィールドが著者であった、この記事の仲介者ロバート・ガウジャーもまた競って組織的植民の提案を行った人物であった。

ウェイクフィールドは結婚詐欺で訴えられており、もともと外交官であった本人は刑務所収容中に、自分の流刑先となる可能性もあるオーストラリアの問題について研究したとみられる。その数年前に刊行されたビッグの報告書が主要な資料であったが、それに加えて一八三一年には、マレー川流域の探検をしたチャールズ・スタートの新知見がロンドンに伝わったことも、一連の提言の背景にあった。

結婚詐欺の訴えが取り下げられて出獄したウェイクフィールドは一躍時代の寵児ともなり、一八三四年に成立した「サウスオーストラリア植民地設立法」の議会審議には、参考人として意見も述べた。

このようにサウスオーストラリア植民地について極めて大きな影響を及ぼしたものの、ウェイクフィールド自身は娘の病気もあってサウスオーストラリアには行くことができなかった。彼は植民地行政自体に関心を持ち続け、ロウワーカナダでの反乱についてもメルボルン卿の相談に乗り、さらに一八三八年にはニュージーランド会社の改組にかかわり、翌年にはその理事としてニュージーランドに赴いた。

## ●さまざまな方格地割

新しいサウスオーストラリア植民地設立法では、大陸中央南部に、土地を販売して自由移民を推奨し、一方でその販売代金によって移民基金をつくり、貧しい人々の英国からの渡航費用に供することとしていた。ウェイクフィールドの組織的植民案が主張したように、早期の英国的社会の創設を目ざすのが目的であった。

一八三五年、既存のニューサウスウェルズとは異なって、一エーカー当たり一二シリングという最低均一価格が定められた。この設立法では、本国に土地販売による三五、〇〇〇ポンドの歳入額を予定し、そのために七〇〇件の申し込みを期待していた。五〇ポンドを支払った予約購入者は、最初に建設される町に一エーカーの宅地と、郊外に八〇エーカーの農牧用地の所有権を得ることとなった。

ただし、この決定は間もなく修正され、土地価格は一エーカー当たり一ポンドへと引き上げられ、最初の町における一エーカーの宅地と、八〇エーカーの農牧用地の権利を、四三七人の購入者に与えるものとした。また農牧地の単位面積を八〇エーカーとすることも決定した。つまり歳入予定総額をほぼ据え置いたままの変更であった。

ところがこれはさらに変更され、権利購入者に渡す農牧用地の面積を一三四エーカーに拡大することとした。土地単位価格を一エーカー当たり一二シリングという当初の価格に戻したのであった。一年程後にはさらに変更され、再び一エーカー当たり一ポンドとされた。この過程で知られるのは、歳入予定総額の固定と、八〇エーカー、一三四エーカーという面積

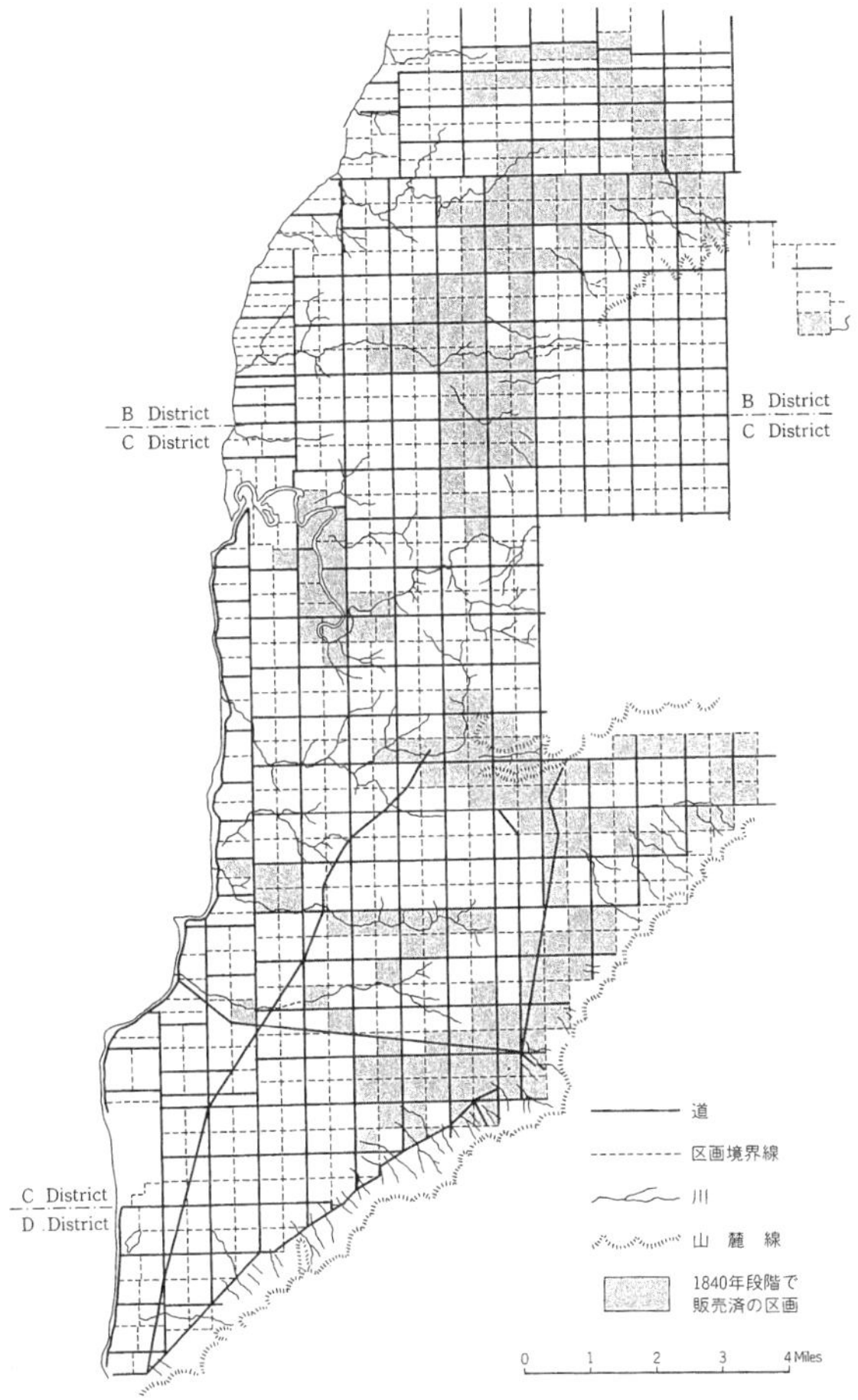


図Ⅴ-7　1840年におけるアデレード南方の土地区画と入植地

単位の出現である。

その結果、サウスオーストラリア最初の都市アデレード（後に説明）の南部には、図Ⅴ－７の上端のような一三四エーカーを単位とする長方形の土地区画が出現し、その他は八〇エーカーを単位とする方格の土地区画であった。この時期には二つの基準の間の面積調整のために、五四エーカーと二六エーカーの区画も出現した。八〇エーカーの正方形を基本とする区画といっても、実際は七六～八四エーカーのバラつきがあり、一八四三年八月一七日の官報公示でも、正確に八〇エーカーの区画は四〇パーセント程でしかなかった。

八〇エーカーの正方形とは、面積の上では一マイル四方（面積六四〇エーカー）の八分の一であるが、一マイル四方を正方形に八等分するのは簡単ではなく、できたとしてもこの八〇エーカーの正方形の一辺は端数を伴う距離となる。一マイル四方の方格設定が先行していれば、現実の測量による設定はそれ程単純ではない。それが実際の区画面積に反映しており、多くの区画は八〇エーカーちょうどでなくて端数が多い。にもかかわらずこのような面積の区画を設定した理由は、すでに述べた初期のニューサウスウェルズ総督への入植者への下付地面積の設定であった可能性が高い。この基準では、夫婦と子供三人分でちょうど八〇エーカーになるのである。

## ●アデレードの都市計画

八〇エーカーの正方形の土地区画と一三四エーカーの土地区画という複雑な政策の変化に対応して土地測量・区画設定を実施したのは、初代の測量長官ウィリアム・ライトであった。実際にサウスオーストラリアに赴任して測量を始めたのは一八三六年のことであった。

ライトは、セント・ビンセント湾岸の探検調査を実施した後、トレンス川の河岸の台地上に図V‐8のように最初の都市を計画した。南岸では磁北による東西―南北方向の街路、北岸では地形に従ってやや傾いた方位の三方向からなる市街用地を設定した。南北の主要部はいずれも直交するメインストリートで四象限に分割されており、中心には広場が設定された。南の各象限にはそれぞれに広場が設定され、典型的な方格状街路からなっていた。

この都市計画の一つの特徴は、周囲を緑地が取り囲んでいることである。図V‐8のように地形条件に適応して、平坦な台地面を市街用地、周辺の斜面を緑地としたものであるが、この形状の都市計画を、後に一般にパークランドタウンと称することとなった。現在でも、アデレード南部市街地の北側のパークランド（ノーステラス）は鉄道・政府・大学・図書館・博物館など州の公共施設群となっているが、このほかの三方は本来の緑地として維持されている。

サウスオーストラリアでは、これを模した小型のパークランドタウンが多数つくられた。一八六四年までの二八年間に設定された小規模な市街、計四五のうちの二三、その後の一九世紀中の

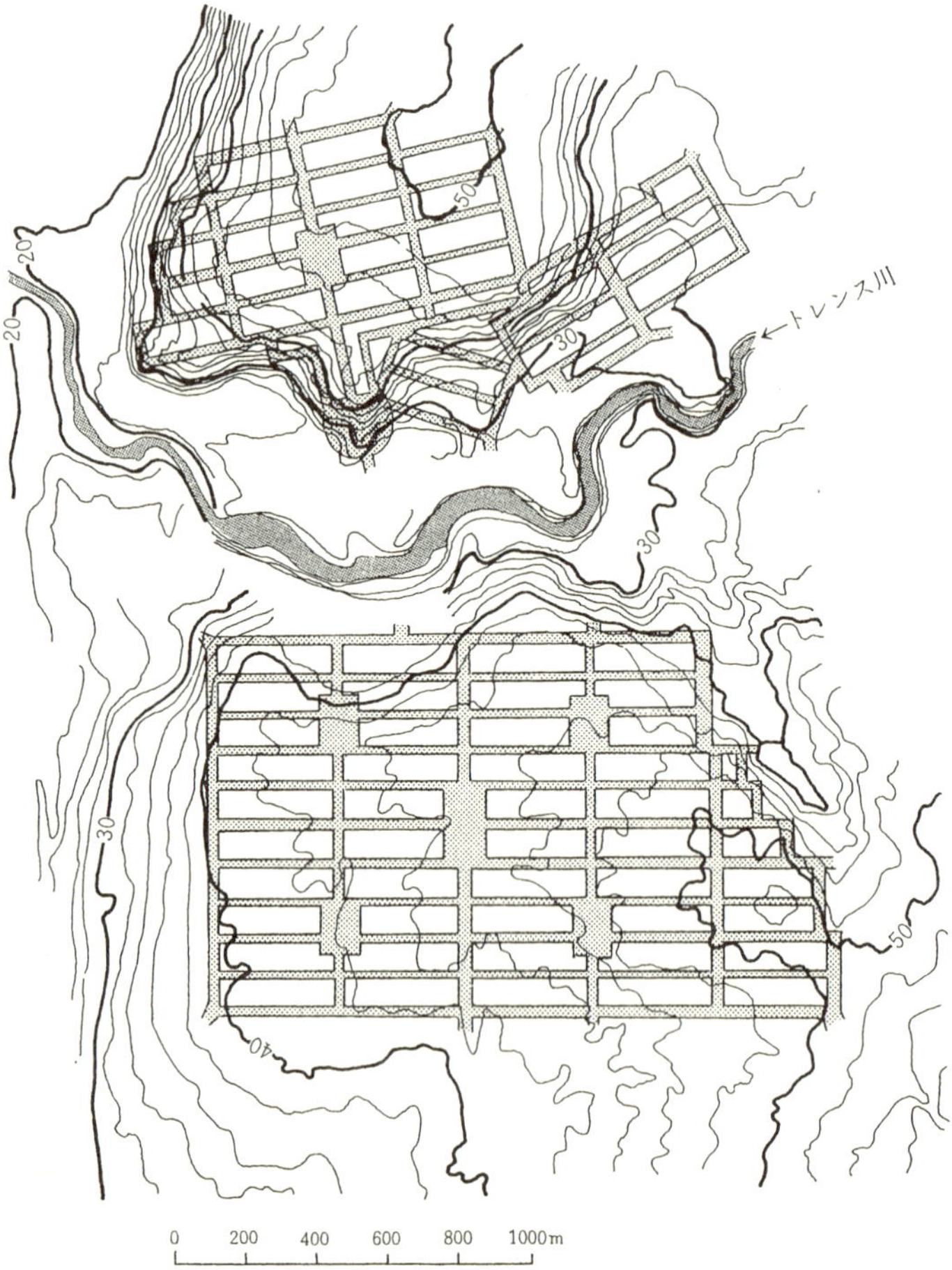


図V－8　W. ライトによるアデレードの計画街路と微地形（等高線の間隔は2mごと）

一九二のうちの一六三もがパークランドを伴っていた。パークランドタウンはさらに、ニュージーランドでも建設された。

さて、トレンス川河岸に設定された最初の都市は勅許を得てアデレードと名付けられた。アデレードは当時の英国王妃の名前であった。国王ウィリアムの名前は、南北のメインストリートに付された。初代の総督名は北東のハインドマーシュ・スクエアに、自分自身の名は北西のライト・スクエアに付された。

測量長官ライトに四ヶ月ほど遅れて、一八三六年六月に初代総督としてジョン・ハインドマーシュが任命され、同年年末にサウスオーストラリアに着任した。先行して赴任したライトはすでに述べたような構想・土地計画を実施し始めていた。これはハイドマーシュ総督の構想とは様々な点で異なっており、大きな軋轢が生じた。ライトは直接ロンドンへと報告し、裁許を求めたのであるが、一八三七年六月には測量長官を辞任した。ライトは辞任後もアデレードにあって民間の測量家となり、一方でハインドマーシュ批判をしたが、病を得て程なく没した。ハインドマーシュもまた植民地行政の混乱の責任を問われて本国に召還され、後任のジョージ・ゴーラー総督が一〇月に着任した。

オーストラリアの各植民地での土地計画の実施は、すでに見てきたように基本的に総督と測量長官のコンビで行われ、時に両者の意見の齟齬があったものの、本国との距離による隔絶の混乱に比べればその問題点の顕在化は少なかった。しかしサウスオーストラリアの場合、初代の総督と測量長官の方針の齟齬・対立は大きく、しかも測量長官の構想の方が実現した希な例であったといってよい。

## ●タウンシップとハンドレッド

サウスオーストラリアの初代測量長官に任命されたライトは、その一ヵ月後、任地への出発前に土地区画についての訓令を受けとっていた。それには、八〇エーカーと一三四エーカーの区画設定の指示と共に、「区画線を設定する際には、貴下は実行可能な限り自然境界を利用するものとする。貴下は将来また、植民地政府の決定に従って土地をタウンシップおよび郡に区分することとする」と指示されていた。しかし、ライトが実施したのは、アデレードの都市計画と、本国での指示に従った結果であるものの、図V-7のような直線境界による土地区画であり、同図にも示したように、その上位の単位は地区（ディストリクト）と称されていた。

二代目の総督として赴任したゴーラーは、急増した移民の入植用地の測量・設定を、測量長官を辞任したライトを含む測量官を自ら雇用する形で指揮して推進した。その結果、着任後の一九三八年一〇月から一八四〇年末までに八五万エーカー余という必要以上の区画が設定された。また、そのために約七万ポンドという莫大な経費を費し、多くの批判を受けた。

三代目の測量長官に任命されたエドワード・フロームは着任後の一八四〇年に、配下の測量官に改めて訓令を発した。それは、八〇エーカー単位の正方形の区画設定を基本とするものであったが、区画の方向は先行する幹線道路の方向に合わせ、また八〇エーカーの区画四つからなる正方形の四周に三三フィート幅の道路を設定するものであった。その結果、ほぼ一八四〇年代末までの入植地であるロフティ山地付近の西側の平坦地には、八〇エーカーの正方形からなるさまざまな方位の方格地割が展開した。

一八五〇年代にはさらに北部へと入植地が拡大したが、年間降水量が少ないことから一六〇エーカー程度の区画が多くなり、一八六〇年代以後に内陸のマレー川流域やヨーク半島などさらに降水量の少ない地域へと開拓が進むと共に区画はさらに大きくなって、正確な方格ではないが、一マイル四方ぐらいの区画が増大した。

いっぽう、植民地政府の決定に従って、郡とタウンシップを設定するというのが、ライトへの指示であったことは先に述べたが、サウスオーストラリアでは図V-9のように、ハンドレッドと称する単位が設定された。ハンドレッドは東部諸植民地において、シドニー近郊のカンバーランド郡での不規則な形状の区画の編成によるもの以外、例外的にしか設定されなかった。ところがサウスオーストラリアでは、これが一般的な土地区画であった。

同図にみられるように、郡の境界はもとより、ハンドレッドもまた基本的に直線境界である。

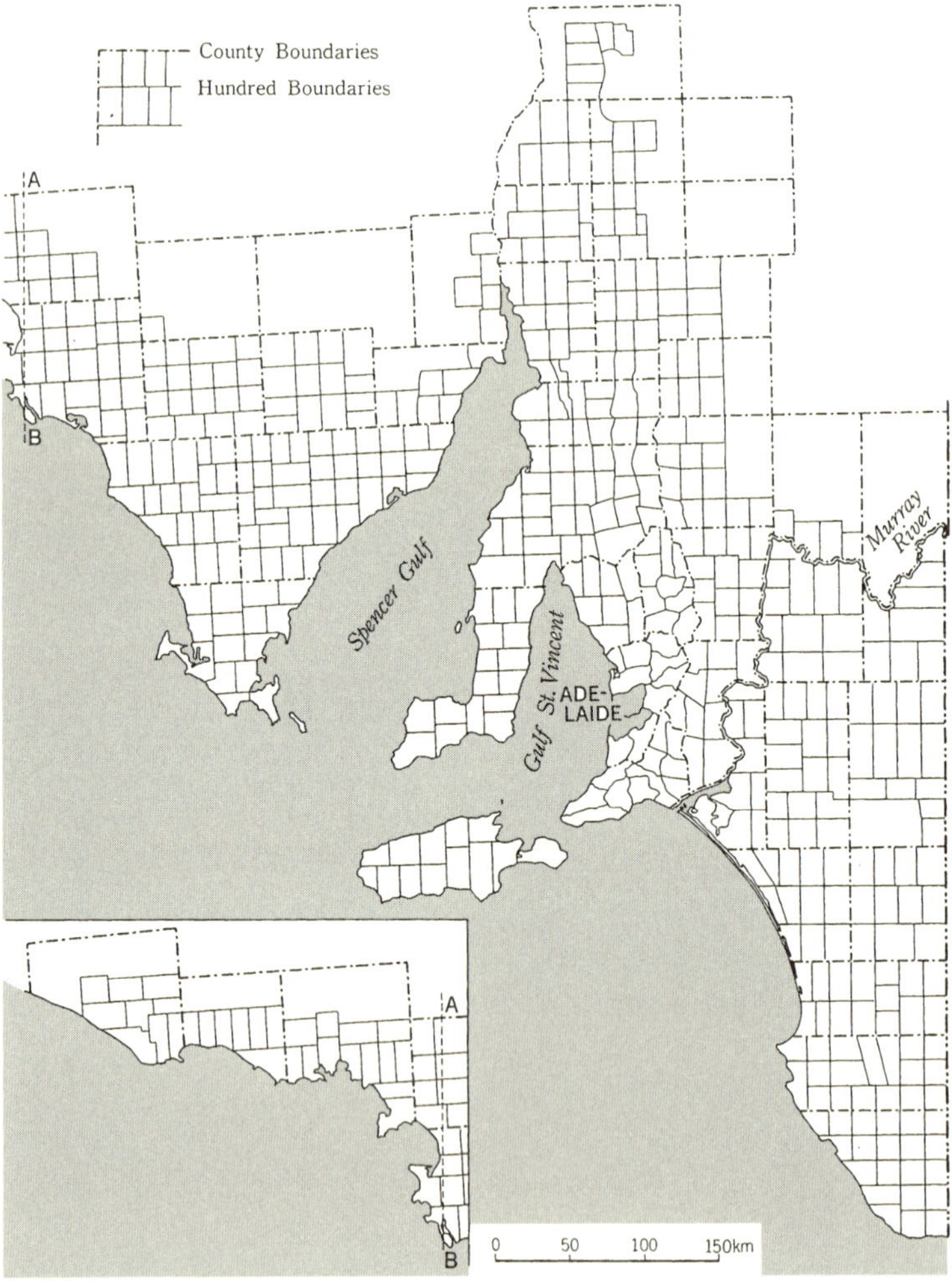


図V-9　サウスオーストラリアのハンドレッド

アデレード周辺部分だけが不規則なハンドレッドの形状であるが、この部分が一八四〇年代までに八〇エーカーの正方形でありながら、さまざまな方位の土地区画が設定された部分である。

## ●土地計画の違い

このように、オーストラリアでも北米大陸と同様に様々な方格の土地区画が設定されたが、それらの差異をもたらしたのは、何よりもまずそれぞれの植民地であり、それぞれの植民地がおかれた自然環境とイギリスからの距離、さらに入植と開拓の時代差であった。時代差は施政者と入植者の認識に結びつくだけでなく、経済的、技術的な環境の違いをもたらした。認識の面では、本国イギリスでの変容を背景とした政策の変化、相対的に先行したアメリカでの土地政策の変化のいずれか、または双方を反映していた。これに、各植民地総督ないし測量長官などの現地の政策担当者の認識や志向も加わって、さらに多様な展開となった。また経済的環境の変化も大きいが、その中でも最大のものは、イギリス本国で進行した産業革命であろう。その最中でのオーストラリアの羊毛産業と、北米などのそれ以前の自給的農地を目指す開拓とは大きく異なる。

## 3　北海道で受容したタウンシップ

### ●初期の北海道開拓

現在の北海道は、かつて蝦夷地と呼ばれていた。一八六九（明治二）年、明治政府は古代の律令制下の地域呼称を援用してこれを北海道と改め、開拓使を設置した。北海道はさらに石狩国など一一カ国に区分され、各国はさらに数郡に区分された。同年さらに、移民への食糧、開墾料等を支給することを定め、さらに無賃渡航、農具給付等も定めた。一八七二（明治五）年には人口一一万人余、一八七七年には一九万人余に達した。

この間一八七一年には、開拓次官であった黒田清隆の懇請を受けて、アメリカ合衆国農務長官を務めたホーレス・ケプロンが来日した。ケプロンは来日してすぐ東京で、後の札幌農学校となる農学校を設立し、翌年には北海道へ赴任した。彼は一八七七年に帰国するまで、北海道開拓について様々な助言をした。

一八八二（明治一五）年には、開拓使が廃止されて、函館、札幌、根室の三県が設置された。さらに移住貧困士族の便宜を図り、無賃渡航、陸路旅費の補助金、家作料、種子料等の給付などを定め、一戸当たり一〇、〇〇〇坪の開拓を目指した。一八八五（明治一八）年には人口二八万人余となった。

一八八六（明治一九）年には三県を廃止し、全道を一括して北海道庁が設置された。同年には「北海道土地払下規則」が定められ、一〇万坪を上限として貸下げられた土地について、一〇年以内に目的を達した土地開発（必ずしも開墾に限らない）が成功すれば、その土地を払い下げて、以後一〇年間の地租を免除することなどを定めた。

## ●屯田兵制

この間一八七三年に黒田は、「屯田《とんでん》の制に倣い、民を移して之に充て、且つ耕し且つ守らしめば、すなわち拓殖兵備両ながらその便を得ん」と、屯田兵制の建白書を提出した。

これを受けて政府は一八七四年屯田兵制を定め、石狩国札幌郡琴似村に兵屋二〇〇戸の新築をして屯田兵募集の準備を始めた。翌年には、宮城、青森、秋田の三県から戊辰戦争の従軍士族を中心に屯田兵を募集し、一九八戸、九六五人を第一期として移住させた。さらに翌年、二七五戸一一七四人を移住させた。

屯田兵村の構成は歩兵、騎兵、砲兵、工兵からなり、服務期限は八年、その後予備役一二年であった。屯田兵制開始以来二〇年余を経て、その合計は四個大隊一特科からなる二六カ村に及び、兵員数合計七、四八二人、総人数三九、九一一人、処分未開国有地四、七五五町歩に達した。

屯田兵の募集はもともと士族中心であったが、一八九一（明治二四）年には平民にも拡大した。一八九四年に日清戦争が勃発すると屯田兵にも招集がかかって、臨時第七師団が編成された。これは翌年にはいったん解散されたが、一八九六年には屯田兵司令部が廃止され、正式に第七師団が編成された。一九〇四（明治三七）年には屯田兵制そのものが廃止された。

## ●屯田兵村の土地計画

屯田兵には一戸当たり一五、〇〇〇坪の土地が給付された。ただし、三〇年を経ても開拓されない給付地は没収すると規定されていた。さらに、これとは別に屯田兵村の公有財産として、二五〇戸を基準として兵村に一五、〇〇〇坪が給された。また屯田兵にはそれぞれ、支度料、旅費、日当、運搬料、兵屋、家具、夜具、農具（鍬、砥石、鉋、斧、鋸、鎌、筵、熊手、桶など）、種物（麻、大麦、小麦、大豆、小豆、馬鈴薯、蚕卵紙）、扶助米（五年間）が給された。

「兵屋」は各地の主要な道路沿いに規則的に配置され、道路の方向によって全体としてはさまざまな方向ではあるが、兵屋の配置には一列の場合も、複数列ないし何らかの方格をなしている場合もあった。いずれも中心付近には、中隊本部、官舎、練兵場などがあって屯田兵村の特徴となっていた。

一戸あたり一五、〇〇〇坪の開拓用地は、集落の背後に給されることが多かった。ただ区画の形状は必ずしも一定ではなく、長辺が三〇〇ないし二〇〇間、短辺が五〇ないし七五間などの多様な長方形であった。また、それらの数筆の集合も長方形が多かった。

このように全体としてかなり手厚く見える屯田兵への給付ではあったが、非常に素朴な、あるいは原初的な道具を中心にしているにすぎず、必ずしも制度の目的通りに開拓が進んだわけではなかった。とはいえこれがほかの補助政策とも相まって、北海道に先に述べたような人口増加をもたらした一因であったことは事実であろう。

## ●殖民地の選定区画

北海道庁は屯田兵村の設置とは別に、一八八六（明治一九）年から殖民地選定事業（慣例に従い、殖の文字を使用する）を開始し、一八八九年までに耕耘や牧畜に適する土地二八億余坪を選んだ。その結果は一八九一（明治二四）年に『殖民地選定報文』として公刊されたが、内容は面積、土壌、植物、地勢、気候を初め、様々な地理的条件を網羅した詳細なものであった。この選定事業は引き続き実施され、第二、第三の報文として刊行された。

この事業の進行を受けて払下げ用の土地区画測設が始まり、一八九三（明治二六）年には、前述の「北海道土地払下規則施行手続」を改めて、払下げを前提として貸下げる土地には前もって区画を施し、毎年これを広告することとした。一八九六（明治二九）年の「殖民地選定及び区画施設規定」によれば農耕適地を対象とすること、傾斜、海抜等を規定していた。

さて規定された区画は、（1）間口一〇〇間（約一八〇メートル）奥行一五〇間、面積一五、〇〇〇坪（五町、約五ヘクタール）の「小区画」、（2）方三〇〇間（約五四〇メートル四方）、面積九〇、〇〇〇坪（約二九、七ヘクタール）の「中区画」（小区画六個からなる）、（3）方九〇〇間（一六二〇メートル四方）、面積八一〇、〇〇〇坪（約二六七ヘクタール）の「大区画」（中区画九個分、小区画五四個分からなる）、の三種からなっていた。このうちの「小区画」が一戸分とされていた。結果的に、開拓農家は各小区画に住居を構えるため、屯田兵村が集村の形態であったのと異なり、散村の形態となった。

ちなみにこの大区画の規模は、アメリカ合衆国のタウンシップの基本方格を構成した一マイル四方、面積六四〇エーカー（約二五六ヘクタール）の区画と大差ない。ただしこの区画（セクション）そのものが一戸分、あるいはその四分の一（クォーター）程度が一戸分であった。一八三〇年代後半のサウスオーストラリアでも、組織的植民政策は八〇エーカーが基本的単位として始まっていた。これらのアメリカはもとより、サウスオーストラリアなどに比べても、北海道では一戸あたり約一二・五エーカーに過ぎず、大区画が五四戸分であった。したがって開拓と経営規模は小さく、また結果としての人口密度も大きく異なる。

先に述べたように北海道では、屯田兵村での一戸当たりの開拓用給付地をすでに一五、〇〇〇坪としており、士族移住者以来の前例ないし慣例であった。つまり当初から北海道での一戸あたり面積の標準を一五、〇〇〇坪（五町）としていたことが、殖民地区画のこのような規定が定められた背景にあったと考えられている。小区画はそれを土地区画測設の具体的方針として規定した単位であったと見られているのである。

さて、入植者一戸当たりの面積が大きく異なるにしろ、このような一連の経緯は土地区画制度成立の方向性としては特異なものではない。アメリカ合衆国の基礎となった英領東部諸植民地においても、オーストラリアのニューサウスウェルズ植民地においても方向性は軌を一にしていたことが想起される。いずれの場合も、入植希望者による任意の入植地選定を基本とする初期段階の入植地決定の手順では、人口増を背景として既存の入植地と入植用地新設希望地の錯綜によって混乱をきたした。その経験を踏まえて、入植と開拓の事業を組織的に推進するために事前に土地区画を設定する方法へと変化した。これらの動向に比べると、北海道での殖民地区画設定はその最終段階に相当するが、流れとしては、軌を一にするものとみなすことが可能である。

## ●最初の殖民地区画設定

一八九六年の規定によって最終的に北海道における殖民地区画が定められる過程において、それに先立って最初に計画的に土地が区画され入植者を迎えたのは、石狩川流域のトック原野と呼ばれた平坦地、一、九二〇、〇〇〇余坪の土地であった。すでに一八八八（明治二〇）年、北海道庁技師の柳本道義らによって殖民地選定事業の一環として調査が行われ、農耕適地と評価されていた。

柳本技師らによって一八八九（明治二二）年一一月二六日に開始されたトック原野の土地区画設定の結果は、図V－10のようなものであり、この長方形の最小区画にそれぞれ入植者一戸が割り振られた。入植したのは十津川の移民団で、石狩国樺戸郡新十津川殖民地を構成した。新十津川村は、奈良県の十津川村が同年八月の水害で大被害をこうむり、被災者が集団となって新天地へと移住をはかったものであった。

新十津川村は、東を蛇行する石狩川、西を山地に画された範囲である。その支流である徳富川以南にあたる、トック原野の南半中央部を樺戸道がほぼ南北に直行し、北半では屈曲して増毛街道となる。正方形の区画を画する直線は、この樺戸道から山側へ山一線、山二線と順に数え、石狩川側へは同様に、川一線、川二線と順に数えた。また南半中央部で樺戸道と直行する直線を一号とし、北へ順に上二号、上三号、南へ順に下二号、下三号と称した。なお徳富川上流側の（山麓に近い）上五－八号間では別途に川一－四線と称された。この各線の間隔、各号の間隔がいずれも三〇〇間であり、先に述べた殖民地区画の規定の中区画に相当する。中区画は基本的に六等分されて同規定の小区画を構成している。中区画を画する線は基本的に道路となっているが、同図には、大区画に相当する区画や呼称はまったく見られないことにも注目しておきたい。

さらに、方格の基準となった樺戸道の方位は、区画設定に際して正確な基準、あるいは統一的規準をもとに定められたものではなく、先行して存在した樺戸道を単に直線として整備し、基準としたものに過ぎないことにも注意しておきたい。

## ●佐藤章介のボルチモア留学

北海道庁技師による、一八八九年実施のこのような方格の土地区画が、どのように成立したのかについて、『北海道農地改革史』は、ケプロンなどの、いわゆるお雇い外国人による、方格の測量と土地区画設定の推奨があったことと、アメリカに留学した佐藤章介の役割を指摘している。すでに述べてきたように、北米では、アメリカとカナダには大きな違いがあるとはいえ、この当時いずれもすでにタウンシップシステムが完成していた。その中で農政にかかわっていたケプロンなどが、方格の土地区画を推奨したであろうことはきわめて蓋然性が高い。

しかし一方で、日本には古代の条里プランをはじめ、近世の干拓地の方格状の土地区画など、方格地割そのものの類例はきわめて多い。近世末の干拓地などの計画は北海道開拓の時代の直近であり、また王政復古を標榜した明治政府の高官たちが条里などの古代由来の土地制度の知識を有していた可能性も高い。方格状街路からなる札幌の都市計画についても、三重県出身で開拓判

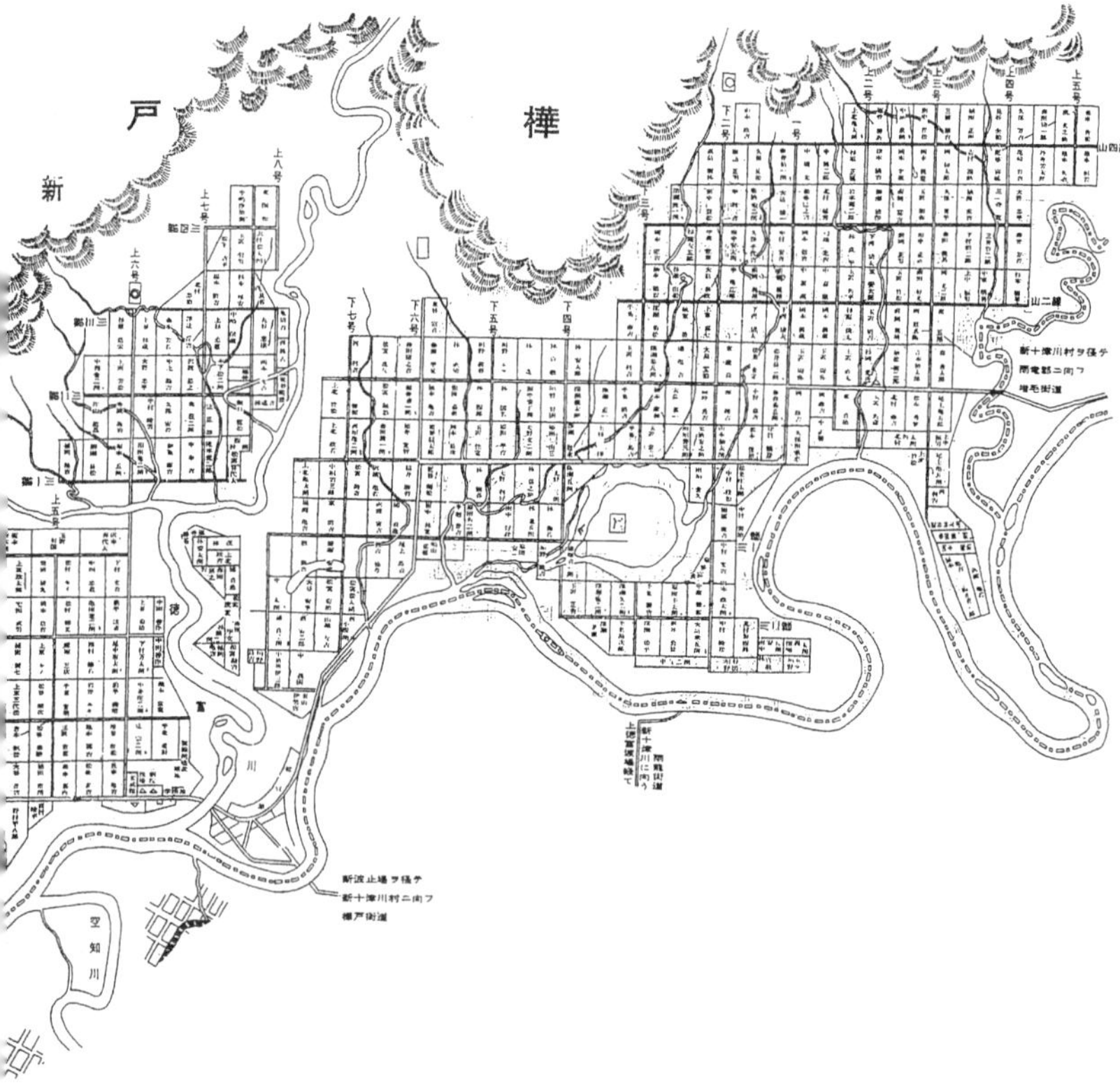


図Ｖ－10　新十津川村当初の土地区画

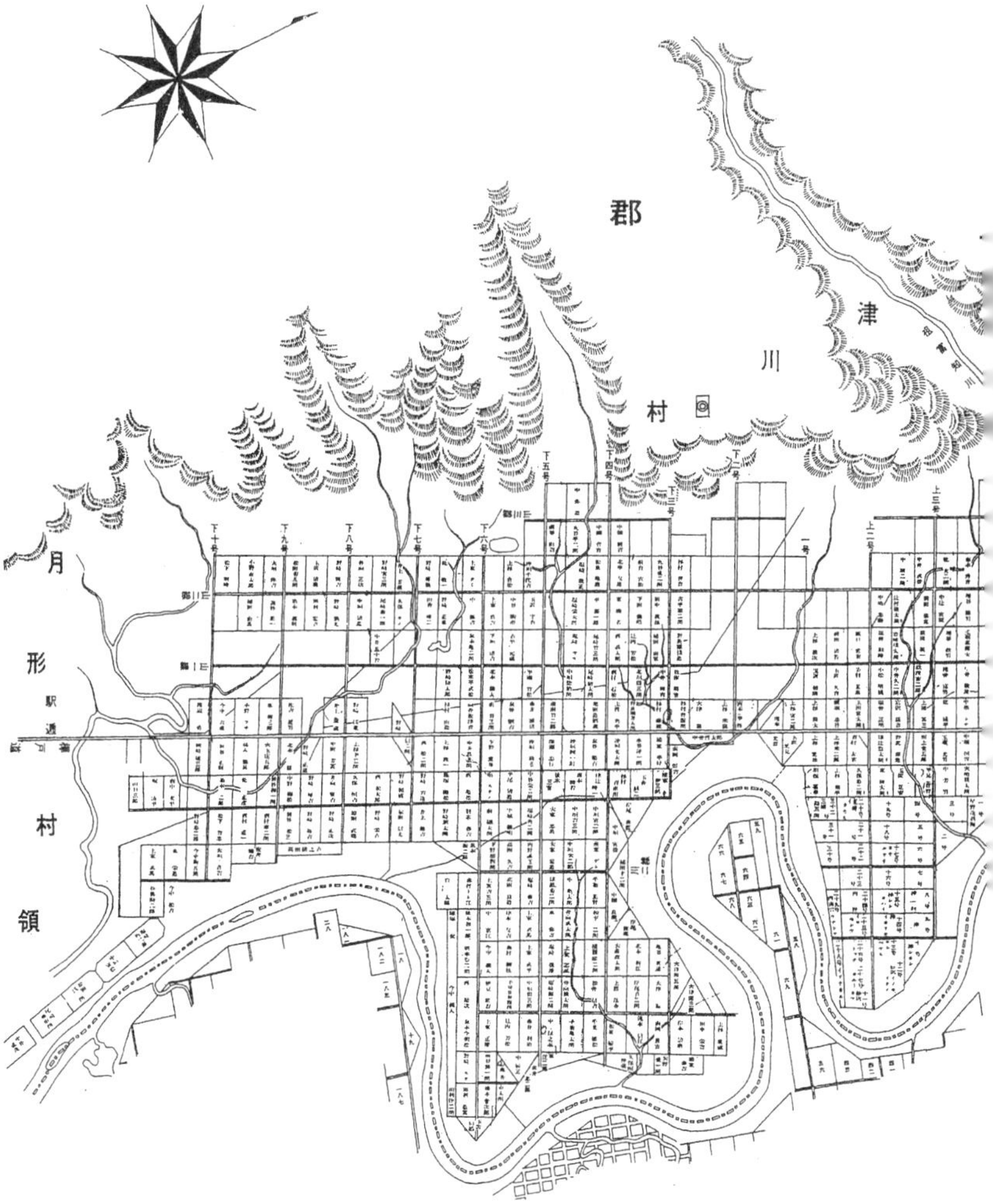
郡
津
川
村
月
形
村
領

官となった松浦武四郎が方格状街路からなる京都になぞらえていたことも周知であったろうと思われる。そもそも北海道の名称も彼の建議によるといわれている。しかも先行した屯田兵村自体がすでに、小区画に相当する一五、〇〇〇坪の面積基準はもとより、原初的な方格への方向性を有する土地計画であった。

さて佐藤章介については、その経歴はよく知られているが、留学でのタウンシップシステムの具体的知識取得に言及されることはほとんどない。その知識内容を検討する前に、経歴の概要について必要な限りで振り返っておきたい。佐藤は一八八〇（明治一三）年に札幌農学校を卒業して開拓使御用掛となった。その身分のまま派遣されて、八二年に渡米してジョンズ・ホプキンス大学に学び、八六年に博士号を得て帰国した。同年札幌農学校教授となり、校長を経て東北帝国大学農科大学（旧札幌農学校を含む）教授となり、やがて北海道帝国大学が設立されると、その教授、学長を務めた人物である。この経歴からすれば、一八八九年に始まる新十津川村の土地区画設定、一八九六年の殖民地区画の規定確定の時期に、開拓政策に何らかの関与をした可能性は高い。そこで問題は、何について関与したのか、であろう。

## ●佐藤の関心

佐藤の学位論文は、『ジョンズ・ホプキンス大学歴史・政治科学紀要』（一八八六年）に「合衆国における土地問題の歴史」として掲載されている。合計一八一ページに及ぶ彼の論文の内容が、おそらく彼の関心の所在を示し、また吸収した知識と密接にかかわっていると思われる。まず、この大部な論文の構成を見ておくと、「序文」（二一ページ）、第一章「領土の形成」（六〇ページ）、第二章「領土の管理」（四七ページ）、第三章「合衆国の土地システム」（五五ページ）の合計四つの章からなっている。

「序文」ではまず、英領植民地時代から独立の過程における未開拓公有地の起源とその後の状況を概観し、さらに合衆国としての領土拡大、とり分けミシシッピ以西やフランス、スペインからの領土獲得とともに、ジェファソン大統領の先見の明や、少し前のモンロー大統領のヨーロッパとアメリカの領土不干渉宣言に注目している。その上でローマ以来の土地所有権認識を確認して、それが土地の先行取得権に結びつくこと、さらに一六〇エーカーの土地取得権に言及している。合衆国成立後の経過としては、土地区画の「方格システム」に言及し、ジェファソンやハミルトンにも触れているが、最も注目しているのは、やはり一六〇エーカーの土地取得権を明確にした自営農地法（ホームステッド法、一八六二年が最初）である。同法が、佐藤の留学時における、直近で且つ当時の現行法に直結する法律であったことにはまず注意しておきたい。

## ●学位論文の内容

序文に続く第一章では、州による公有地所有権の取得過程とその領域に関心が払われている。割譲か購入、または征服がその方法であることを踏まえ、独立以前の王領地ないし植民地から独立後の領土への変遷と英領植民地を起源とする東部諸州による公有地割譲をめぐる動向を整理したうえで、ルイジアナ、アラスカ、東西フロリダなどの購入地を概観し、テキサスの併合と割譲、メキシコからの領地割譲などの過程と面積等を整理している。

続く第二章では、まず一七八五年の土地法を紹介し、それに至る一七八〇年のジェファソン案と彼が委員長を務めた委員会案の紹介をしている。その上で一七八七年の法律について詳しく言及している。ジェファソン案と委員会案についてはとくに一〇〇マイル平方以上、一五〇マイル平方以下という州の領域基準について言及するとともに、奴隷制廃止案をめぐる批判的諸見解、また一〇州設立案がワシントン大統領に受け入れられなかったことなどが紹介されている。

注意しておきたいのは、連邦政府が旧植民地起源の州にたいして、「タウンシップ」ないし「郡」を単位として臨時の行政機能を持たせるとしたと紹介していることで、佐藤はその権限や組織にかなりの関心を寄せていることである。

佐藤はさらにこの点にかかわる一七八七年の法律を取り上げているのである。同法は、西部の領地に三以上、五以下の州を設置することを定めたもので、州の組織や知事の権限も規定しており、佐藤はその成立にかかわった有力政治家を紹介し、さらに高い評価の紹介まで加えている。最終章である第三章が、本書での関心と北海道の殖民地区画に直接関わる「合衆国の土地システム」の説明である。ここで佐藤は、方格の土地測量と区画のシステムについて述べているのである。

まず、東西南北の直線で区画された六マイル四方のタウンシップと、それに南から北へ番号を付し、その列つまりレンジに東から西へ番号を付すことを紹介している。タウンシップの内部が三六の区画（セクション）に分割され、それが六四〇エーカーとなることも述べている。さらにタウンシップが、自然障害物によっては完全な形状とならないことがあることも述べている。つまり、セブンレンジズの概要を紹介しているのであり、このシステムが一七八五年の土地法によって成立したと記しているのである。

さらに、ジェファソンが一〇地理マイル四方のハンドレッドを構想したが、六法定マイル四方のタウンシップに縮小されたこと、東西南北の直線は経緯線によることなどを簡単に紹介している。佐藤のこのシステムに対する評価は、一方でミーツアンドバウンズについても言及しつつ、「過大評価はできないが、入植に便宜をもたらし、少なくとも不規則な土地区画と集落の不可避な結果としての訴訟を防ぐことができる」とするものである。

論文はこのような方格の土地測量・区画システムに五ページ弱を充てた後、土地の販売方法やその経過に四三ページ強を割いている。

その中では、オハイオ会社やシムズ購入地の販売状況や、それについてのワシントン、リー、グラントなどの有力者の動向にも触れている。とりわけ、掛け売り(クレディット)システムの導入と変遷に五ページ強、先買権法とその関連に一〇ページ、自営農地法とその関連に九ページを割いていることに注目したい。つまり佐藤は、販売や供与といった公有地の処分にこそ関心の重点を定めているのである。

佐藤が序文ですでに言及していた自営農地法は一八六二年、ブキャナン大統領の下で成立したものである。佐藤はその基本原則が「誠実な入植者に無償で農地を与える」ものであることを確認したうえで、具体的な基準を紹介している。それは、(1)家長で、二一歳以上の申請者にたいし、一六〇エーカーの公有地または、公的な区画細分施行地においては実際の入植・耕作状況によってこれより少ない面積を、無償で付与する、ただし、(2)登記費用は別である、(3)先買権法との併用によって、所有面積を三二〇エーカーにまで増やすことができる、といった内容である。従って入植者にとって、(4)公有地下付証書が交付されるに先立つ負債を負う必要がない、という有利な状況が出現したことが大きいと佐藤は評価する。さらに、南北戦争に従軍した軍人への自営農地、部族から離脱したインディアンへの自立農地、の規定についても紹介している。

佐藤は結局、自営農地法の西部開拓にもたらした価値を「過大評価され過ぎることはない」、と高く評価していたのである。この評価自体は、すでに本書の第I章で筆者の見たところに等しいが、佐藤によるタウンシップシステムの紹介が前述のように相対的に簡略であり、しかも試行段階のセブンレンジズのものに留まっていたこと、またその測設の実体にはほとんど触れられていないことには注意しておきたい。

同時に気になるのは、佐藤が、領地や州を「タウンシップに分割する」と表現していることである。結果的にそう見えるにしても、タウンシップの「設定」とその内部のセクションへの「分割」は、先に測量官たちの仕事をみてきたように、方法や手続きとしてはかなり異なる。測量方法やその問題点への言及がまったくないことに加え、佐藤が一八八六年の論文においてもなお、遅くとも一八〇〇年代初めごろには完成していた、統一的タウンシップシステムに全く触れていないことにも注意しておきたい。憶測になるが、佐藤は州、郡、タウンシップなどの行政組織と権限、また公有地の販売ないし処分方法にはきわめて関心が高いものの、土地区画の設定方法にはあまり関心がなかったか、それを重要視していなかった可能性がある。

## ●殖民地区画の特徴と佐藤の関心

トック原野（新十津川村）の殖民地区画が、一辺三〇〇間の正方形の区画を基本としていたことはすでに述べた。この中区画を画する直線に「上（下、山、川）―線」という番号での呼称が付されたことも紹介した。中区画が長方形に六等分され、その一区画が一戸の入植単位の小区画であったこと、中区画九個からなる大区画に相当する単位は、呼称からも道路などの区画線からも存在を確認できないこともすでに指摘した。何より区画線の方位が先行した道路の方向に合わせたものであったことも大きな特徴であろう。

また、中区画を画する線や道路に番号を付す方法は、平安京など日本古代の都で用いられていた内在の手法であり、開拓使時代の札幌にもすでに採用されていた。方格の土地区画そのものも、条里地割や近世の新田地割として内在のものであった。さらに、小区画の面積一五、〇〇〇坪(五町)が、屯田兵村の一戸当たりの基本面積と等しい、つまり既存の面積規模であったこともすでに述べた。

したがって、中区画を基本とする方格の土地区画そのものは、内在の要素で成立しえたことになる。ケプロンなどのお雇い外国人が、方格の土地区画設定を推奨したとしても、北海道庁技師が実施できる知識と技術はすでに存在していたことになる。佐藤章介は初期の試行段階のタウンシップシステムを承知していたが、それは同時に先行道路の方位を基準とすること、先行ないし慣例化していた面積単位と融合しやすい認識であったとみられる。佐藤の論文が、測量技術やその問題と進展に全く触れていないことも、この想定と矛盾しない。しかしその説明を、タウンシップシステムの援用として行った可能性は依然として残る。

むしろ払下げ規則の変遷そのものに、佐藤章介の関心にちかいものがみられる。屯田兵村移住の士族等が、移住費、住居、開拓地、初期の物資など、かなり手厚く給されていたことはすでに述べた。屯田兵は訓練や徴用など、あくまで兵としての任務があり、また士族授産の意味もあったが、一八八六（明治一九）年の「北海道土地払下規則」では、土地の無償貸与という形を導入した。それまで官有未開地は希望者に売却して所有権を移し、一定期間を過ぎても開墾に着手しないときには返納を命ずることとなっていた。これが効力を発揮しないことからこの方法を廃止し、開墾希望者に一定の貸下げ期間を定めて無償貸与し、開墾事業の完成後にこれを売却して、所有権を与えることとした。この規則が制定された一八八六年は、佐藤が学位を取得して帰国し、札幌農学校教授に就任した年である。関与のほどは不明であるが、この無償貸与は、佐藤が大きな関心を寄せたクレディットによる土地売却と類似の効果を有する。一八九三年以後は、この貸下げ地に殖民地区画を施すこととしたのである。

## ●殖民地区画の展開

トック原野（新十津川村）を先行例として、一八九〇年代には殖民地区画の設定が広範に展開した。例えば石狩川上流の近文原野では図V－11のような典型的な地割が測設された。ただし、方位は西北—東南方向であり、この場合は屈曲した石狩川の流れにほぼ従い、その北西岸の直線

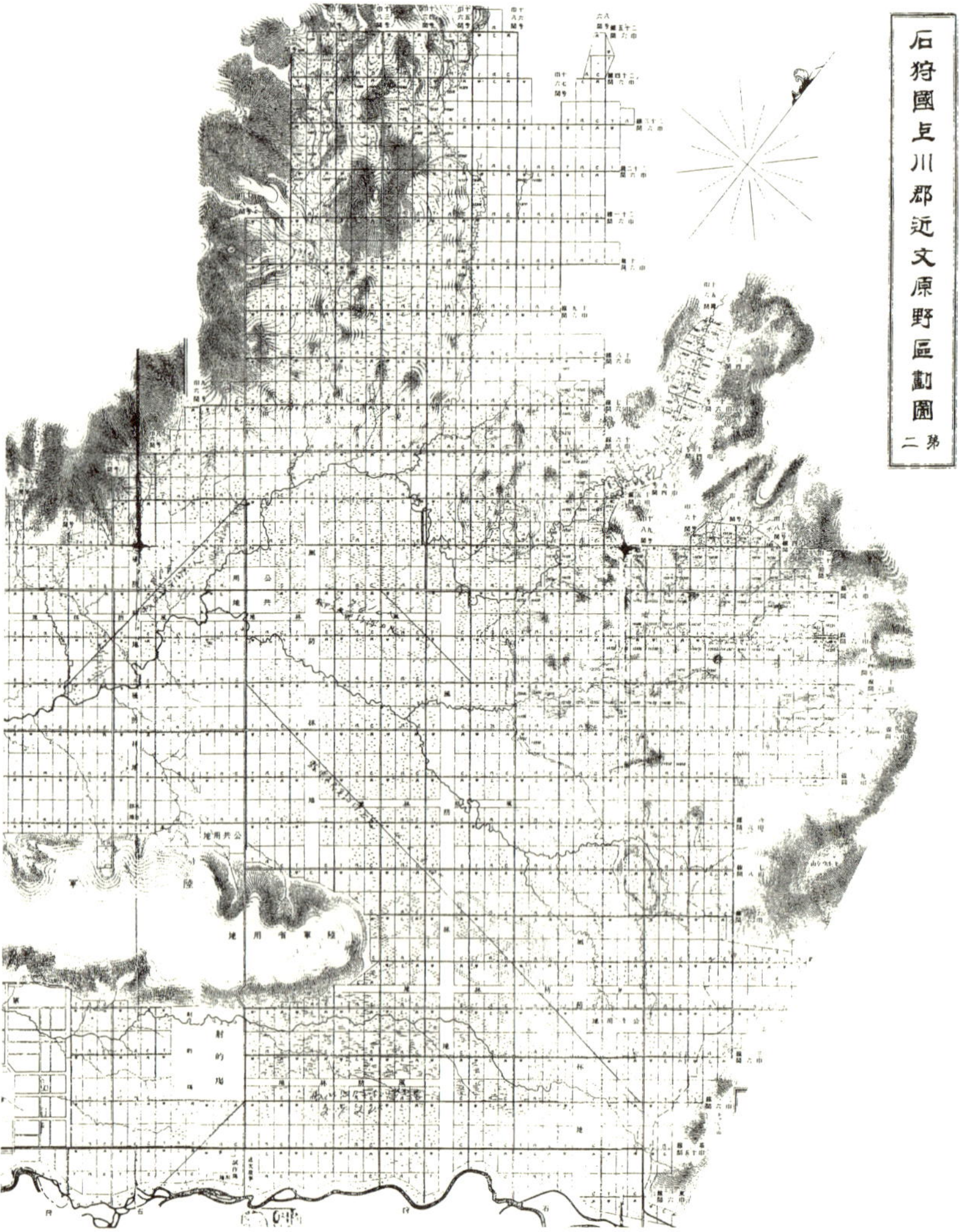


図Ｖ－11　近文原野の殖民地区画

道路と方位を合わせている。ここでも中区画の方格が基本となっているが、ここでは中区画三つ分ごとに東北—西南方向の相対的に幅の広い直線道路が構想されており、西北—東南方向の道路はすべてそうではないが、大区画を意識した計画となっている。この近文原野の場合、区画方向と同一方向に何本かの「風防林地」が設定されているのが特徴である。西北—東南方向には小区画の短辺の幅が割かれ、東北—西南方向にはその半分の幅が割かれているので、前者沿いは小区画の数が少なく、後者沿いの小区画の東南側は長辺が短くなるので面積が狭くなっている。

近文原野の区画は、図V-12の左上の

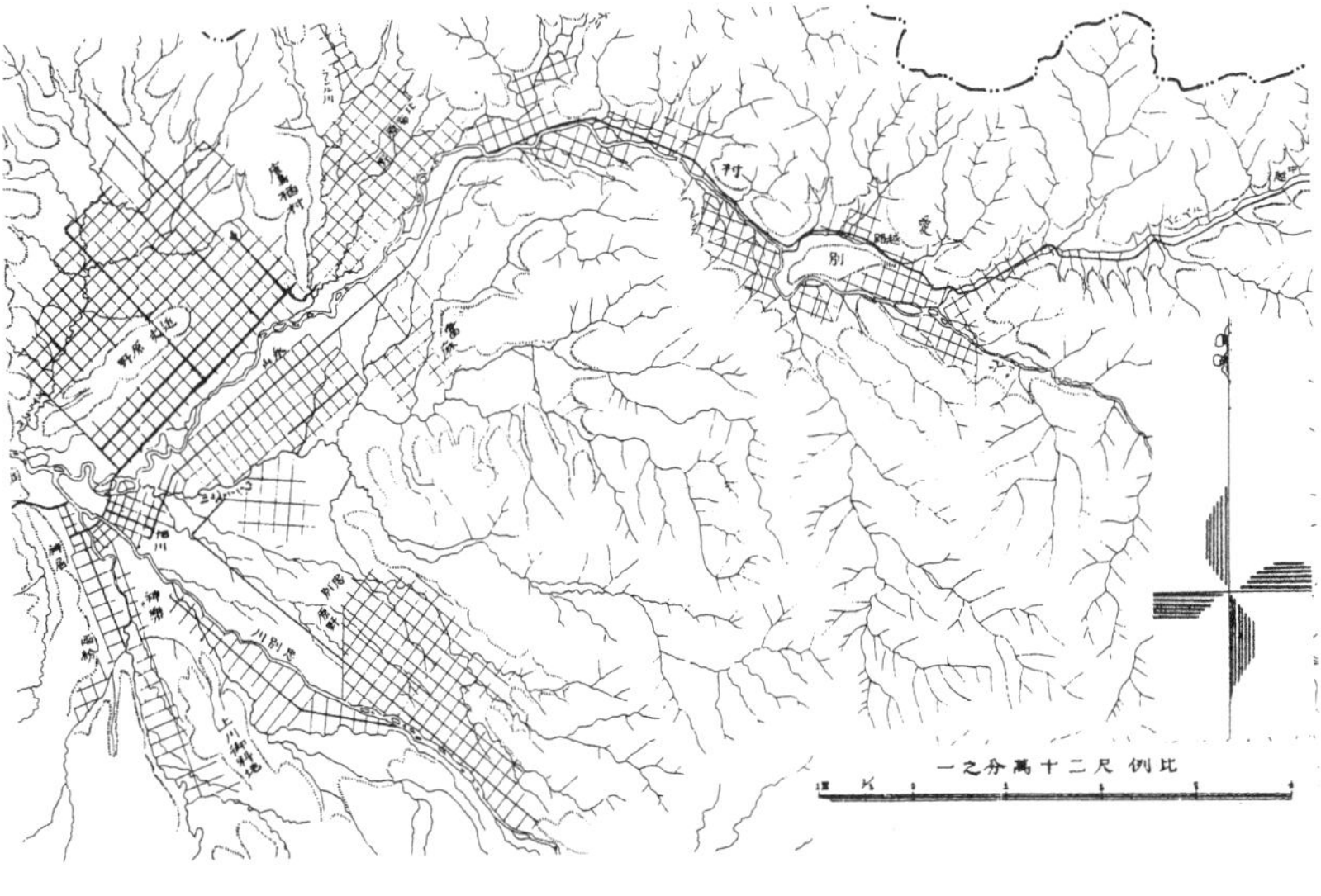


図V-12　北海道石狩国上川郡の殖民地区画の方位（V-11の近文原野は右側上部）

位置である。近文原野が位置する石狩国上川郡の殖民地区画の方位はさまざまであり、ほぼ川の流路にそった方位である。この点はトック原野と同様であり、ほかの地域でも多くが流路―地形の方向、したがって主要道路の方向である。十勝平野のような海岸に接している場合、方位は海岸線に平行ないし直交している。

多くの『殖民地選定報文』には図V-12のような概要図が付されているが、そこに表現されているのは中区画の概要であり、北海道では中区画が方格の基本であったとみてよいであろう。北海道ではまた、内地一般と同様に、行政体は基本的に村であり、方格の殖民地区画とは関係なく、自然境界によっていた。方格の単位は行政範囲とは全く別であったことになる。

要するに北海道では北米のタウンシップの知識が入っていたことは疑いない。特に佐藤章介を通じての導入は、対象によって密度は異なったとみられる。統一的タウンシップの測定基準や方法などは十分ではなかったものの、土地払い下げの方法などについての影響は大きかった可能性がある。ただし土地計画の実施は、日本固有の内在的知識と技術を土台とした方向でなされていた。タウンシップシステムそのもの、あるいはそれが伝播した内容の実体からは遠く離れていたことになろう。

# おわりに

殖民地区画を基礎としての市街地
（北海道富良野市街中心部）

## ●タウンシップの系譜と展開

本書では「タウンシップ」を中心として、さまざまな土地計画の展開の状況を辿ってきた。注目してきたのは、各地におけるタウンシップをはじめとする土地計画の概念と機能、タウンシップなどの土地計画全体における位置付け、それらの土地区画としての形状、さらにそれらがそれぞれの地域において出現した結果としての土地プラン、などである。つまり、「どこで」、「いつ」「どのように」それらが展開したのかであった。

言葉そのものの起源をも含めて、タウンシップの原型がイングランドにあったことは繰り返すまでもない。一六世紀中ごろでは集落、農牧地、共同放牧地を含む農村コミュニティーの領域全体を意味していた。ところが一方で、小さな町を連想させるコミュニティーそのものを意味するとの見解もあった。事実、一六六二年にイングランドで貧民救済法が実施されると、教区であったパリッシュが行政機能を持ち（行政パリッシュ＝シビルパリッシュ）始め、タウンシップもそれに準じた機能を果たし始めた。特にパリッシュの規模が大きかったヨークシャーでこの傾向が先行して顕著となった。このようにイングランド内部においてさえ地域によって異なる展開をしたタウンシップは、その用語がウェールズの一部で使用されたものの、スコットランドやアイルランドではまったく使用されなかった。ただしアイルランドにはタウンランドという類似の実体があった。

このような状況の中で、一六二〇年のピルグリムファーザーズを嚆矢としてイングランドからニューイングランドへの入植がはじまると、そこにおけるいくつもの植民地によって状況は多少異なるものの、基本的にコミュニティーの領域としてのタウンシップの概念が持ち込まれ、それが次第に方形の規則的形状としての領域を持つようになった。

一方大西洋岸中部の植民地やさらに南部など、植民地によって大きな違いがあったが、一六六四年にヨーク公爵支配の植民地となったニューヨークでは、ヨーク公に派遣されたニコルズ総督によって、ヨークシャーでの「ヨーク公の法」の下に展開していた、行政パリッシュに準じた行政機能を持たせたタウンシップが導入された。これはヨークシャーでの行政パリッシュに準じた機能を有したタウンシップの先行的実態を反映したものであった。ただしニューヨークでは、ニューイングランドのような領域としての規則性を持つ方向にはすぐには展開しなかった。

さらに南の植民地でもタウンシップが設定された例があり、それに加えてパリッシュやハンドレッドが設定された場合もあった。これは、個別には計画性ないし企画性を示す場合もあったが、大西洋岸中南部の植民地での土地区画としては、むしろミーツアンドバウンズのような不規則な形状が一般化し、土地計画全体としての計画性もまた統一的なものではなかった。

ところがこれらの英領植民地が独立して連邦を結成し、ウェスターンランドの広大な未開拓公有地の開拓を急ぐ過程において、土地計画は新たな展開を示した。まず一七八〇年、ジェファソンによる方形の州と方格の土地区画の計画案があり、一〇地理マイル四方の規模も、ハンドレッドという名称も様々な経緯によって変更されたが、後にオハイオ州となる領域において方格の測量と区画が試行された。一七八五年のセブンレンジズが、六マイル四方のタウンシップとその列からなるレンジ、並びにタウンシップ内部の一マイル方格の土地区画を試行した。これは、プリンシパルメリディアンとベースラインを基準とした、全米にわたる統一的・規則的タウンシップシステムに結びついた。しかしオハイオ自体では、五マイル四方などの別規模のタウンシップや、一マイル方格以外の土地区画、さらにはミーツアンドバウンズによる不規則な土地区画なども混在した。

ニューイングランドと併存した一八世紀後半ころまでのセントローレンス川沿いのニューフランスでは、フランスの領主制が導入されて各領主の所領ごとに開拓が進められた。結果的に、セントローレンス川などのウォターフロントに短辺をむけた、長大な土地区画が成立した。それをイギリスがまずケベック属州として継承し、さらにロウワーカナダとして再編し、アッパーカナダとともにタウンシップ概念を導入した。ロウワーカナダでは旧来の土地区画をそのままにしてそれをタウンシップに編成したが、アッパーカナダではセントローレンス川上流とオンタリオ湖北岸における、ロイヤルタウンシップに始まる方格のタウンシップを設定した。しかし、初期の方形のタウンシップそのものの方位は多様であり、多くはウォターフロントの方向に規制されていた。また、その内部の土地区画も、長い長方形のものが一般的であった。

太平洋の西の大陸にさらに遅れて発足した、新オランダのニューサウスウェルズ植民地では、一七八八年の入植以来ほとんどミーツアンドバウンズの方式で個別入植地を設定していた。しかし人口増加とともにその方式が限界を迎えると一八二二年から、セブンレンジズのタウンシップの不完全な適用ともいうべき形でのタウンシップ設定の試みが始まった。総督や測量長官の経歴から見て、太平洋を越えてタウンシップシステムの一端が伝播したとみることが可能である。

ただその後まもなく、本国からの指示によってタウンシップをパリッシュに変更することを余儀なくされた。オーストラリアではニューサウスウェルズ以外でも、ビクトリアのように広く方格の土地区画は設定されたが、測量技術の問題から方位の不整合が多かった。また、組織的植民政策下のサウスオーストラリアではサイズは多様であり、名称もタウンシップではなくハンドレッドが採用された。さらにウェスターンオーストラリアのように、まったく方格の土地区画が設定されず、川沿いに短辺を向けた、フランス式の長大な区画が出現した場合すらあった。これはのちに短辺対長辺を一対三以下としただけであった。

一九世紀後半になって開拓が進められた北海道では、お雇外国人や米国に留学した学者を通じて、方格の土地区画の制度に関する情報が伝えられた。しかし北海道で展開したのは、先行した道路沿いなどの様々な方位の方格の土地区画（中区画）と、独特の道路呼称や個別の土地区画

（小区画）であった。伝えられた情報そのものが必ずしも全容ではなく、またその実施についてもそのままではなく、北海道での前例や本州での歴史的経験と融合する形で展開したものであろう。

## ●伝播と変容——地域と時代

このようにタウンシップの概念や機能は、一五世紀のイングランドに始まったものが一七世紀前半にニューイングランド伝わり、さらに一七世紀後半には行政機能を有した単位として中部太平洋岸に伝わった。ニューイングランドでは方形の規則的形態の領域への方向性を強め、独立後のアメリカでは一八世紀終わりごろに次第に規則的な方格の土地計画として完成し、北米中央から太平洋岸一帯まで広く展開した。タウンシップの概念や機能は、イギリスやアメリカから、そのままではないもののカナダにも伝わり、また一部は太平洋を越えてオーストラリアにも影響を及ぼした。さらにそれは太平洋西北隅の北海道でも参照されたのである。

これらの地域は、イングランドから大西洋を挟んだ北米、さらには太平洋を挟んだオーストラリアと日本という、世界的な広がりである。このようにタウンシップの伝播は極めて広範に及んだ。しかしそこで伝播したタウンシップとは、それぞれの伝播内容において多様な実態であり、時と場所に応じて単一ではない。それらは例えば、（1）コミュニティーの領域としてのタウンシップ、（2）コミュニティーそのもの、さらには町あるいは行政単位としてのタウンシップ、（3）方格の測量と土地区画の設定方式あるいはその理念といった、土地計画としてのタウンシップなどである。しかも時間的には、一六世紀から一九世紀に及んでおり、中世末から近代にかけての長期にわたっている。この間にタウンシップそのものは、機能も変わり、領域あるいは土地区画などの土地計画としての実体も変わった。その変化は（a）タウンシップが行政パリッシュに準じた行政機能を伴うようになったり、（b）コミュニティーの機能をまったく失って測量区画設定の単位となったりすることであり、（c）さらには方格の土地測量・区画設定という方式のみでタウンシップシステムの導入とみなしたことも含められるかもしれない。

このような変容はそれぞれの地域ごとに、それぞれの背景によって進行するものであり、伝播した時期と地域によってその実態は実に多様となる。本書で取り上げたタウンシップと関連の地域概念及び土地計画のみでも、これらの変容パターンに加え、伝播のパターンの組み合わせの多様性もあって、その結果として出現した実態はきわめて多様である。

# 主要参考文献（個別の原典史料や古地図等は省略。史料集は主要なもののみ掲載）


## 序　土地区画の歴史への視角

アルビン・トフラー（徳岡孝夫訳）『第三の波』中公新書、一九八二年

アレクセイ・トルストイ（中村白葉訳）『人にはどれほどの土地がいるか』（『トルストイ民話集　イワンのばか　他八篇』所収）岩波文庫

金田章裕『古代景観史の探究』吉川弘文館、二〇〇二年

## Ⅰ　英国領北米植民地の土地区画

*Records of the Governor and Company of the Massachusetts Bay in New England*, Vols. 1-5

*Acts and Resolves, Public and Private, of the Province of the Massachusetts Bay*, Vols. 1-6

A. S. Batchellor（ed.）*State of New Hampshire Town Charters*, Concold, 1894

F. W. Maitland, *Township and Borough*, Cambridge, 1898

S. Web and B. Web, *English Local Government from the Revolution to the Municipal Corporation Act: The Parish and County*, Longmans, 1906

J. P. Boyd（ed.）*The Papers of Thomas Jefferson*, *Vols. 7 and 16*, Princeton University Press, 1953 and 1961

J. W. Reps, *The Making of Urban America*, Princeton University Press, 1965

A. C. Myers（ed.）*Narratives of Early Pennsylvania, West New Jersey and Delaware, 1630-1707*, C. Scribner's Sons, 1912

F. J. Turner, *The Frontier in the American History*, Henry Holt & Company, 1920
R. H. Tawney and E. Power (eds.), *Tudor Economic Documents*, Vols. 1-3, Longmans, 1924
J. F. Sly, *Town Government in Massachusetts*, Harvard University Press, 1930
L. W. Labaree (ed.) *Royal Instructions to British Colonial Governors 1609-1776*, vol. 2, The New England Quarterly, Inc., 1935
J. C. Phillips, *State and Local Government in America*, American Book, 1954
H. F. Alderfer, *American Local Government and Administration*, Macmillan, 1956
J, Lemon, *The Best Poor Man's Country*, The Johns Hopkins University Press, 1972
W. K. Kavenagh (ed.) *Foundations of Colonial America*, vol. 2, 1973
D. R. McManis, *Colonial New England ··A Historical Geography*, Oxford University Press, 1977
J. S, Wood, *The New England Village*, The Johns Hopkins University Press, 1977
Library of Congress, *Maps and Charts of North America and the West Indies 1750-1789*, U. S. Government Printing Office, 1981
P. Slack, *The English Poor Law 1531-1782*, Macmillan, 1990
J. F Martin, *Profits in the Wilderness*, The University of North Carolina Press, 1991
G. S, Pryde, *Scotland from 1603 to the Present Day*, London, 1992
D. B. Munger, *Pennsylvania Land Records*, Scholarly Resources Inc., 1993
E. T. Price, *Dividing the Land*, The University of Chicago Press, 1995
金田章裕「近代初期ウェストヨークシャーにおけるタウンシップの領域とその機能変遷」足利健亮先生追悼論文集編纂委員会編『地図と歴史空間』大明堂、二〇〇〇年
Akihiro Kinda, The concept of 'townships in Britain and the British colonies in the seventeenth and

eighteenth centuries, *Journal of Historical Geography*, 27-2, 2001
金田章裕「マサチューセッツ植民地におけるタウンシップの概念と形態」石原潤編『農村空間の研究（上）』大明堂、二〇〇三年

## Ⅱ　アメリカ合衆国のタウンシップ

Thomas Jefferson (William Peden ed.) *Notes on the State of Virginia*, The University of North Carolina Press, 1955
W. D. Pattison, *Beginnings of the American Rectangular Land Survey System, 1784-1800*, Department of Geography Research Paper No. 50, The University of Chicago, 1957
H. B. Johnson, *Order upon the Land*, Oxford University Press, 1976
C. A. White, *A History of the Rectangular Survey System*, US Department of the Interior, Bureau of Land Management, US Government Printing Office (no date)
Akihiro Kinda, The concept of 'townships in Britain and the British colonies in the seventeenth and eighteenth centuries, *Journal of Historical Geography*, 27-2, 2001

## Ⅲ　カナダの領主制とタウンシップの土地区画

R. C. Harris, *The Seigneurial System in Early Canada*, The University of Wisconsin Press, 1968
Joan Winearls, Mapping Upper Canada 1780-1867, University of Toront Press, 1991
R. L. Gentilcore, Lines on the land, *Ontario History*, V. LXI 1969
R. L. Gentilcore and K. Donkin, *Land Surveys of Southern Ontario*, Department of Geography, Monograph no. 8, York University, 1973

J. Winearls, *Mapping Upper Canada 1780–1867*, University of Toronto Press, 1991
Akihiro Kinda, The concept of 'townships in Britain and the British colonies in the seventeenth and eighteenth centuries, *Journal of Historical Geography*, 27–2, 2001

## Ⅳ　英国におけるタウンシップの変容

J. Sinclair (ed.), *The Statistical Account of Scotland*, 15vols. 1791–1799
*1841 Census* (the first modern UK Census)
The Ministers of the Respective Parishes, *The New Statistical Account of Scotland*, 15vols, 1845
D. B. Horn and M. Ransome (eds.), *English Historical Documents 1714–1783*, Oxford University Press (Eyre and Spottiswood), 1957
G. S. Pryde, *Scotland from 1603 to the Present Day*, London, 1962
N. Nicolson (Introduction), *The Counties of Britain, A Tudor Atlas by John Speed*, Pavilion Book, 1988
Akihiro Kinda, The concept of 'townships in Britain and the British colonies in the seventeenth and eighteenth centuries, *Journal of Historical Geography*, 27–2, 2001

## Ⅴ　太平洋西方へのタウンシップの伝播

J. T. Bigge. *Report of the Commissioner of Inquiry into the State for the Colony of New South Wales*, 1882.　Two additional reports, 1823
*Historical Records of Australia*, 9vols. 1878–1945
Shosuke Sato, History of the land question in the United States, *Johns Hopkins University Studies in*

*Historical and Political Science, Fourth series* VII-VIII-IX, 1886
*Historical Records of Victoria*, vols. 1-8, 1981-2002
北海道編『北海道農地改革史（上）』北海道、一九五四
新十津川町編『新十津川町史』新十津川町、一九六六
J. M. Powell, The Victorian survey system 1837-1860, *New Zealander Geographer* 26, 1970
金巻鎮雄編『地図と写真で見る　旭川歴史探訪』総北海、一九七七
玉井健吉『史料　旭川屯田』旭川振興公社、一九八〇
J. M. R. Cameron, *Ambition's Fire*, The University of Western Australia Press, 1981
金田章裕『オーストラリア歴史地理』地人書房、一九八五
金田章裕『オーストラリア景観史』大明堂、一九九八
金田章裕『大地へのまなざし』思文閣出版、二〇〇八

# あとがき

筆者が本書のテーマに直接かかわる調査を開始したのは、オーストラリアが最初であり、一九八〇年のことであった。それからほぼ二年に一度ほどのペースで調査に出かけ、ニューサウスウエルズ・アーカイブをはじめ、各州の公文書館と州立図書館さらには土地局文書室などで史料や測量記録・地図ならびに図書の閲覧をした。その間メルボルン大学にも二度にわたり、いずれも三、四か月ではあったが客員研究員として滞在し、毎日図書館を利用して基本的文献や史料集に目を通した。オーストラリアでは別の研究テーマもあったので、各地の調査にも出かけた。

アメリカ合衆国では連邦議会図書館はじめ、やはり各州の公文書館と図書館を訪ねた。アメリカ調査は一九八九年三月が最初であったが、その後毎年のように夏休みに一つか二つの州を訪ね、やはりおもに州立図書館・公文書館で時間を費やしたが、週末には初めての州内の各地を見学した。関心のある史料・古地図の多いボストンへは特に何回も訪れ、オーストラリアのメルボルンとともに筆者にとって大変親しみのある都市となった。カナダでも調査パターンは同様であったが、グエルフ大学とオンタリオ・アーカイブには特にお世話になった。

イギリスの史料は、一九九四年から翌年にかけてケンブリッジ大学にお世話になった時期に集中的に閲覧することができた。主としてケンブリッジ大学図書館、大英図書館の図書をゆっくり閲覧することができ、また各地の史料館の所蔵史料を見せていただいた。ケンブリッジとコッツウォルズはそれ以来の好みの訪問地となり、その後しばしば訪れた。

このようにして基本的な資料調査を終えて、二〇〇一年には *Journal of Historical Geography* に論文を発表することができた。言いわけに過ぎないが、その後大学の管理職が続いてまとまった時間が取れず、本年三月に人間文化研究機構長の任期を終えて退任し、ようやく小著の形にすることができた。実はすでに八年ほど前から、ナカニシヤ出版の「地球発見シリーズ」の一冊にこのテーマを予定していただいていたが、ようやく脱稿が叶ったものである。ご迷惑をおかけしたことをお詫びするとともに、お待ちいただいたことに末筆ながらお礼申し上げたい。

二〇一四年秋

金田　章裕

■著者略歴
金田　章裕（きんだ　あきひろ）
1946年生まれ、京都大学名誉教授、博士（文学）。
京都大学教養部助手、追手門学院大学文学部助教授、京都大学文学部助教授・教授、同大学院文学研究科長・文学部長、副学長を経て、08年から14年まで大学共同利用機関法人人間文化研究機構長
〈主な著書〉『条里と村落の歴史地理学研究』（大明堂85年）、『古代日本の景観』（吉川弘文館93年）、『微地形と中世村落』（吉川弘文館93年）、『古代荘園図と景観』（東京大学出版会98年）、『古地図からみた古代日本』（中公新書99年）、『古代景観史の探究』（吉川弘文館02年）、『大地へのまなざし』（思文閣出版08年）、『地理学と歴史学』（監訳、原書房09年）、*A Landscape History of Japan*（ed., Kyoto University Press, 10）、『古代・中世遺跡と歴史地理学』（吉川弘文館11年）、『文化的景観』（日本経済新聞出版社12年）など。

【叢書・地球発見15】
タウンシップ――土地計画の伝播と変容

2015年1月25日　初版第1刷発行　（定価はカバーに表示しています）

著　者　金　田　章　裕
発行者　中　西　健　夫

発行所　株式会社　ナカニシヤ出版
〒606-8161　京都市左京区一乗寺木ノ本町15
TEL　(075)723-0111
FAX　(075)723-0095
http://www.nakanishiya.co.jp/


印刷／製本・創栄図書印刷


ISBN978-4-7795-0892-9　C0325